WHO ARE
YOU WORKING FOR?

你在为谁工作

执行版

邵宏彬/编著

中国财富出版社
（原中国物资出版社）

图书在版编目（CIP）数据

你在为谁工作：执行版/邵宏彬编著．—北京：中国财富出版社，2012.6（2013.4 重印）

ISBN 978-7-5047-4202-5

Ⅰ.①你…　Ⅱ.①邵…　Ⅲ.①成功心理—青年读物　Ⅳ.①B848.4-49

中国版本图书馆 CIP 数据核字（2012）第 045747 号

策划编辑　王秋萍　　**责任印制**　方朋远

责任编辑　宋　宇　　**责任校对**　孙会香　饶莉莉

出版发行　中国财富出版社（原中国物资出版社）

社　　址　北京市丰台区南四环西路 188 号 5 区 20 楼　**邮政编码**　100070

电　　话　010—52227568（发行部）　010—52227588 转 307（总编室）

010—68589540（读者服务部）　010—52227588 转 305（质检部）

网　　址　http://www.clph.cn

经　　销　新华书店

印　　刷　三河市西华印务有限公司

书　　号　ISBN 978-7-5047-4202-5/B・0413

开　　本　710mm×1000mm　1/16

印　　张　14.5　　**版　　次**　2012 年 6 月第 1 版

字　　数　213 千字　　**印　　次**　2013 年 4 月第 2 次印刷

印　　数　8001—12000 册　　**定　　价**　28.00 元

Who Are You Working For?

前 言

在生活中，你或许有过这样的经历：

节假日的早上，你从床上起来，想着今天不用上班，也没有什么重要的事情急着去做，于是，你晃过来晃过去，糊里糊涂地一天就过去了。但是，如果你有一个非做不可的事情，你肯定就会全力完成它。这是因为你的心中有目标。

在职场也是同样的道理。对于一个人的发展而言，需要明白你是在为谁工作，需要知道人生的方向。就好像一个人在大海中行驶，如果不知道驶向哪个码头，那么任何方向的风对他来说都不是顺风。相同的道理，如果一个人不知道自己为谁而工作，那么他永远都找不到一个好工作。

著名诗人纪伯伦在他的名作《先知》里写道："当你们工作时，你们便实现了大地最悠远的梦想，在梦想成形之初，这部分便已分派给你。"实质上，工作是为公司，更是为自己。为自己工作才是我们最大的目标。

为自己工作就意味着你在工作中会尽职尽责，做好自己手中的事情。职场就像一场没有里程的马拉松比赛，每个人都是场上的运动员。在比赛中，不仅要看你是否有速度，更要看你是否有耐力。在人生的马拉松比赛中，为自己工作是你必须具备的理念。只有具有强烈责任心和使命感的人才会在马拉松比赛中胜出；也只有为自己工作，对自己负责的员工，才会得到别人的认可。

有些人不知道自己在为谁工作，他们每天不停地喊累；而有些人为了自己而奋斗，工作就不再仅仅是为了谋生才做的事，正如威廉·贝内特所说的“工作是我们要用生命去做的事”，真正做到在工作中寻找乐趣和意义，这才是工作的最高境界。没有卑微的工作，只有卑微的工作态度，而工作态度完全取决于员工自己。职场的成功人士永远不会抱怨工作太多，因为他们永远怀着特定的发展目标，他们明白工作是为了自己的未来，因而增加了许多活力。

那些每天早出晚归的人不一定是认真工作的人，那些每天忙忙碌碌的人不一定是出色地完成了工作的人，那些每天按时打卡、准时出现在办公室的人不一定是尽职尽责的人……只有那些为自己工作的人，才能将工作当成一种责任，才能对自己的行为有所约束，才是企业最需要的“金牌员工”。因为这样的人，他们不仅看到工作中的责任和苦累，更看到工作中的成长和快乐。

本书通过丰富、经典、精彩的案例，首先从理念上讲述了我们都是在为自己工作，为员工树立了一种经营工作、经营未来的行动意识，继而从修炼自身能力、将工作当成作品、立即执行等方面入手解决了怎样为自己工作的问题。同时，给员工在具体落实过程中提供了行动指导，力求让员工在执行力方面得到有效的提升。

成功没有捷径，要想成功我们必须比别人多做一点儿、多付出一点儿。最后，我们用微软公司创始人比尔·盖茨的话作为总结：“不管你在哪里工作，都在为自己工作，为实现自我价值而工作，为自己的成长而工作。”

编　者

2012年2月

Who Are You Working For?

目 录

| 第一章 | 我们都是在为自己工作

不要让生命因闲散而“生锈” // 002

工作的最大目的：满足我们的需要 // 004

最简单的工作成就定律：$P=A^2$ // 006

把工作当使命：像信仰宗教一样信仰工作 // 009

人生的幸福，要从工作中寻找 // 012

为自己的未来工作 // 015

| 第二章 | 工作的目的，只是证明自己的生命价值

为什么乔布斯赢了：发自内心地热爱工作 // 020

超越雇用关系，把工作当事业 // 022

“岗位股份制”理论：你的价值你做主 // 025

实现人生价值：工作“加宽”生命 // 028

第三章 经营工作，经营自己，经营未来

工作是拓展人脉的平台 // 032
找到自己的智能最佳点 // 034
手表定律：切忌用两套价值观去工作 // 037
从宏观思考问题，不做井底之蛙 // 040
最大化影响力，提升你的工作价值 // 042

第四章 修炼成长：拿别人的薪水，学自己的本事

工作是一种“带薪学习”的方式 // 048
关注“钱景”不如关注“前景” // 050
干的可能是别人的，但练的是自己的 // 052
别让自己成为“经济人” // 054
独立解决问题，才能快速成长 // 057
做“蘑菇”，不做“豆芽菜”：挺住才会成长 // 060

第五章 把工作当“作品”而非“作业”

用感恩的心驱逐抱怨的心魔 // 066
工作不做“在野党”，把敬业当本分 // 068
比别人做得更多、更彻底 // 070
质量无小事：用显微镜看产品 // 073
把每一件事做到极致 // 075
不断质疑是完善工作的前提 // 078

第六章 立即执行：拖延比做错更可怕

分蛋糕博弈：别让犹豫耗费你的时间 // 082
马上就办：速度就是执行力 // 084
停下来！别让借口消耗我们的行动力 // 086
去干，去试，不拖延 // 089
给自己施压：规定时间下限 // 092

第七章 敢于突破：全世界都为勇敢的人让路

困难不过是勇者的“营养品” // 096
没有钢铁般的意志，一切都是空谈 // 098
畏惧失败就是毁灭进步 // 101
逆风飞翔，大胆迎接挑战 // 103
勇于冒险，无限风光在险峰 // 106

第八章 不待扬鞭自奋蹄，主动燃烧自我

做一个自燃型员工 // 110
工作中没有“不关我的事儿” // 112
做工作的领跑者，而非旁观者 // 114
像实习生一样满怀热情 // 117
善于补位，出现在最需要的位置上 // 119
主动请愿，解决别人“绕开”的问题 // 122
积极参与，为公司发展献计献策 // 125

第九章 借口放大失败，方法催化成功

抛弃“如果”的口头禅 // 130
凡事全力以赴 // 132
善假于物是聪明人的成事之道 // 134
人无我有，人有我新，人新我变 // 136
分清轻重缓急，设计优先顺序 // 138
提高工作效能的七个思维方法 // 141

第十章 老板不是“问题汇总站”：用结果交差

要“做事”，更要“做成事” // 146
挂在墙上的计划是无效的 // 149
拿结果复命，而非拿问题请示 // 151
要有“一定赢”的结果心态 // 153
用正确而高效的行为确保结局圆满 // 157
磨刀不误砍柴工：准备为业绩提速 // 159

第十一章 学力>学历：学习力才是硬道理

职场生存：能者上、平者让、庸者下、劣者汰 // 164
终身学习才能拥有铁饭碗 // 166
对自我发展负起责任的，是自己而非老板 // 169
立志做强者：挣脱“心智模式”的锁链 // 171
不断反省：从错误中崛起 // 174

技多不压身，练就过硬的本领 // 176
想要进入优秀的公司，先让自己优秀起来 // 178

丨第十二章丨不浮躁：挡得住诱惑，耐得住寂寞

低就才能高成：今天的脚步就是明天的伏笔 // 184
过分的个性张扬：带来的只有浮躁和抱怨 // 187
成功是慢火熬出来的 // 189
坚守原则，经得住外界的诱惑 // 191
坚持到底：沿着既定的方向坚持下去 // 193
将注意力集中在一件事上 // 197
从最“基层”当起，从最“简单”做起 // 200

丨第十三章丨积极进取，为自己做到最出色

不怕被利用，就怕你没用 // 206
宁在尝试中失败，不在保守中平庸 // 209
不要有“错了，改一下就好”的想法 // 212
我们要为自己争取最好的座次表 // 214
永争一流，向着完美进军 // 216
树立自己的品牌优势 // 219

Who Are You Working For?

第一章

我们都是在为自己工作

不要让生命因闲散而“生锈”

工作的最大目的：满足我们的需要

最简单的工作成就定律：$P=A^2$

把工作当使命：像信仰宗教一样信仰工作

人生的幸福，要从工作中寻找

为自己的未来工作

不要让生命因闲散而“生锈”

肯德基创始人桑德斯上校是退休之后才开始创业的。退休时，他还是孤身一人，也没有什么积蓄，靠着微不足道的救济金生活。虽然已经60多岁了，他却不愿意让自己的生命消耗在无所事事当中。于是，他开始了创业，他向人推销他的炸鸡手艺，在被拒绝1009次之后，终于有人愿意试试他的秘方。后来，他成功了，他的肯德基炸鸡店开遍了全世界，而他也工作到90岁，直到他生命的倒数第二天。

桑德斯上校有句格言：“很多人因为闲散而生锈，如果我因为闲散而生锈，我会下地狱。”

生命的确需要休息，但生命更需要工作。休息是对生命的调节，是为了更好地工作，闲散却是生命的“空转”，“空转”浪费的不仅仅是资源，还有生命本身。

美国著名评论家门肯先生在回答威尔·杜兰特关于人生意义的提问时，对工作有一段诙谐的描述：“您问我的问题简单来说就是，我的人生获得了什么满足感，以及我为什么要不断地工作。我不断地工作和母鸡下蛋原因是一样的。每个生命都有一种说不清楚但却强有力的冲动。他要积极地履行某种职责，什么也不做是非常痛苦的事情。”可见，工作是人的天职所在，是人生幸福的源泉，没有谁会比那些整天无所事事的人更累、更无聊。

毫无疑问，每个人都想尽可能地为自己谋得最大的利益，然而遗憾的是很多人常常选错了路。现实中，一个人如果只想享受工作的好处，拒绝承担工作的责任或不愿为工作付出，那么结果只能和自己的目标南辕北辙，永远也无法得到自己想要的成功。

杨林，是某名牌大学中文系毕业生，被分配到一家出版社工作。他一心想干一番大事业，可一开始，领导只分配他做校对文稿等细小的工作，这也是有意锻炼他的耐心与毅力，可是他却认为是大材小用，终日提不起精神，对工作毫不认真，经他校对的文稿错误百出。领导认为，连文稿都校对不好，还能干什么重要的工作呢？于是杨林被辞退了。杨林连续找个好几份工作，由于领导均不满意他的工作表现，都被辞退了，杨林整日无所事事，而和他同时毕业的朋友王敏通过努力，把工作做得非常出色，所以，领导正在考虑提拔王敏。

一个人难得来世间走一遭，如果就这样马虎度过的话，可以说不仅没有什么价值，还会因为工作懒散而让自己的生命“生锈”。

现在的年轻人大多数是在优越的环境中成长起来的。他们希望到达辉煌的巅峰，但又不愿意攀登那些艰难的阶梯；他们渴望赢得胜利，但却不希望参加战斗；他们希望一切都一帆风顺，不愿遭遇任何阻力。表现在行动上就是，很多人在度过了意气风发的学生时代，走出学校开始找工作时，既要高收入，还要清闲和稳定；干工作时怕麻烦，不愿出力费劲，能躲就躲；领工资时争先恐后、斤斤计较。一旦遇到困难，要么一蹶不振、怨天尤人，要么避重就轻、得过且过，做一天和尚撞一天钟。

实际上，努力工作是人生的一种需要，是人生中不可或缺的一部分，是人生中无法回避的重要内容。正如梁漱溟先生在《人生的艺术》一书中，谈到如何才能得到“合理痛快”的生活时说道，一个人的力量要用出来才能够痛快。“我们都是身体很少劳动的人，可是我常是这样，颇费力气的事情开头懒于去做，等到劳动以后，遍身出汗，心里反倒觉得异常痛快。”可见，努力工作的人辛苦，但心里是满足的，当有一天我们真的永远不需要工作的时候，可能就是我们陷入颓废的时候。

工作的最大目的：满足我们的需要

心理学家马斯洛认为人存在着不同层次的需求，而工作既可以保障我们的基本生活，也可以给我们提供社会荣誉、自我肯定、价值评判等，即生存需求和社会需求都得到了满足。而这种满足是需要自己主动去开垦和发现的，认识到这一点，也就等于看见了工作中掩埋的金子！

那么工作究竟怎样满足我们的需要呢？主要有以下五种表现：

（1）有了工作我们就能获得薪水，获得生活的物质保障；

（2）有了工作我们才能有一种安稳的感觉，才能让我们有底气去发展自己的业余爱好和兴趣，以丰富我们的日常生活；

（3）有了工作我们才能有一种归属感，在工作中结交更多的朋友，和他们相互合作，共同渡过工作中的难关，获得事业上的成功，让我们的价值扩大；

（4）职场是一个实现自我的地方，只要我们努力付出就能收获更多的荣誉和鲜花，让我们的生命受到尊重；

（5）实现自身的需要，同时还能超越自我，实现自身的价值。

以上这五种不同层次的工作需要，就是工作的意义和价值所在，更重要的在于达到“自我实现”的目的。美国著名作家阿尔伯特·哈伯德说：“工作所给你的，要比你为它付出的更多。如果你将工作视为一种积极的学习体验，那么，每一项工作中都包含着许多个人成长的机会。”可见，工作能给我们的比我们需要的更多。

任何时候，都要记住：是你需要工作，而不是工作需要你。要抱着这样的心态去工作，才能发现工作对于我们个人的重要性和意义，才能驱使我们去挖掘工作的内涵和价值，从而激发我们的使命感。

清水原来是一名橡胶厂工人，后来转行做了邮差。在最初的日子里，他没有尝到多少工作的乐趣和甜头，于是在做满一年以后，便心生厌倦和退意。这天，他看到自己的自行车信袋里只剩下一封信还没有送出去，便想：我把这最后的一封信送完，就马上去递交辞呈。

然而这封信由于被雨水打湿，地址模糊不清，清水花费了好几个小时，还是没有把信送到收信人的手中。由于这将是他邮差生涯中送出的最后一封信，所以清水发誓无论如何也要把这封信送到收信人的手中。他耐心地穿越大街小巷，东打听西询问，好不容易才在黄昏的时候把信送到了目的地。原来这是一封录取通知书，被录取的年轻人已经焦急地等待了好多天。当年轻人终于拿到通知书的那一刻，他激动地和父母拥抱在一起。

看到这感人的一幕，清水深深地体会到了邮差这份工作的意义所在。“因为即使是简单的几行字，也可能给收信人带来莫大的安慰和喜悦。这是多么有意义的一份工作啊！我怎么能够辞职呢？”

从这以后，清水更多地体会到了工作的意义和自己肩负的使命感，他不再觉得乏味与厌倦，他深深地领悟到职业的价值和尊严。这样他一干就是25年。从30岁当邮差到55岁，清水创下了25年全勤的空前纪录。他在得到人们普遍尊重的同时，也于1963年得到了日本天皇的召见和嘉奖。

可见，能认识到工作的意义和价值，是一个人积极工作的内在动力。只有看到了自己在这份工作中的核心功效和实质意义，只有看到了这份工作在社会生活中的存在价值和积极贡献，我们才能明白工作对自己的重要性。

当员工认识到工作满足了他们自身的需要时，工作于他们来说就是一份财宝。实际上，上司所交付的工作，是我们用来塑造品性与人格的机会和条件。只有在一个人的天赋得以发挥时，他所付出的辛劳才有可能开花结果。当你和所服务的公司理念契合，而且所从事的工作能够让你的才能以及技能得到充分的发挥时，你的价值才能得到体现。当你明白工作是一种需要，并从工作中获取快乐与尊严、收获能力与经验的时候，你就拥有了一种积极健康的心态。这样，我们的生命才会更有价值。

虽然不是人人都能成就伟大，但是，不管你追求的目标是大是小，都努力地去实现它吧。这样你的职业生涯才会变得五彩缤纷，你的人生才会无限充实。我们应当在工作中一展拳脚，把自己的能量最大化地释放出来，在自我挑战中让我们的工作更出色，同时让我们在工作中认识一个全新的自己，为自己的职业生涯添上更加亮丽的一笔。

最简单的工作成就定律：$P=A^2$

成功的关键因素是什么？能力、资源、时运，还是其他？这个有趣的问题困扰了所有的工作者，有人努力学习，因为相信能力；有人烧香拜佛，因为相信命运。但大多数人不知道答案就在自己身上，你的观念、看法、态度，才是真正决定人生成败的关键。这就是工作成就定律：$P=A^2$。P即Performance（工作成就），A即Ability（能力）和Attitude（态度）。

工作成就定律指的是：每个人工作成就的大小等于能力乘以工作态度。能力越高，工作态度越好，其成就就越大，这也是远离失业的不二法门。但大多数人都只重视工作能力，念书、学习，取得高学历，都在增强工作能力，而重视工作态度的人却少之又少。大多数的工作者缺少正确的工作理念，对公司、同事、工作本身，缺乏正确的工作态度，这成为职场上的最大盲点。

我们常常发现，同样一起到一个公司工作的人，同样的起点，但是，几年之后却发生了巨大的变化，有的人成为公司里的核心员工，受到老板的器重；有的人牢骚满腹，总认为与众不同，而到头来仍一无是处……众所周知，除了少数天才，大多数人的禀赋相差无几。那么，是什么在造就我们，改变我们？是“态度”！态度是内心的一种潜在意志，是个人的能力、意愿、想法、感情、价值观等在工作中所体现出来的外在表现。

工作态度的重要，可以从工作成就定律中看出。每个人的工作能力绝对不会是零，因此工作成就也会有高低。可是工作态度却有可能是零，而一旦工作态度不正确，工作态度是零，其工作成就就是零，能力再高也是无用的。甚至因能力强，态度不正确，反而往坏的方向发展，做出对组织、工作、公司有害的事，大多数职场弊案，都是这种人做出来的。许多成功的案例都说明了“工作成就定律”。

如今的董卿已然成为央视主持界的一线红人，活跃于众多大型节目和晚会活动中，成为舞台上一道无比靓丽的风景线。

其实当初，董卿已是上海卫视的一线主持人，当她接到中央电视台一档节目的邀请函时，考虑再三，为了获得更广阔的发展空间，董卿决定放弃上海优越的工作环境，只身一人来到北京，重新开始自己的事业。

没有观众的掌声、没有亲人、没有朋友，甚至没有属于自己的栖身之所，她租了一间不大的房子，所有漂亮衣服都压在箱底，完成节目的主持任务后，她只能一个人看电影、喝咖啡、逛京城，曾经的辉煌已不在，这让独来独往的她倍感落寞。

从众星捧月到无人喝彩，董卿并没有一味自怜自艾，而是把昔日的辉煌留在心里，勇敢地接受了一切。她更加积极地投入工作，为了做好一档节目，她在台下细心斟酌每一句台词，为了能给观众留下一个好印象，她为一双鞋跑遍整个京城。

一次她被电视台委以重任，连续20天每晚都要主持三个小时的现场直播，从四点彩排开始，到晚上十点直播结束，换下主持礼服的董卿又马不停蹄地准备第二天的工作。回到家还要准备到凌晨三点，伴随着最后一颗夜星的隐没，她才放下手中的台词，疲惫入睡，体味孤独与失眠，虽然劳累，但她却乐在其中，没有抱怨。

工作的目的在于体现价值，成就事业。一个从基层做起的人，最后可以升到高级的位置，就是“工作成就定律”的最好批注，因为基层工作者一定是能力不足的，但因态度正确、努力学习、全力以赴、认同组织、无怨无悔，能力当然不断增强，主管当然会赏识他，所有的好运、机会都会降临到他的身上，最后他当然会成为公司的最高主管，成为职场的成功者。

不管你在什么地方工作，你的态度都决定了你成就的高度。在企业中普遍存在着三类工作态度的人。第一类是抱着得过且过态度工作的人，这样的人不求有功，但求无过；第二类是那些满腹牢骚的人，这样的人永远悲观失望，整天生活在负面情绪当中，完全享受不到工作的种种乐趣；第三类就是积极进取的人，他们总是主动承担工作的任务，积极地寻求解决问题的办法，即使是在项目受到挫折的情况下也是如此。

在公司中，第一类人时刻面临着被解雇的危险，第二类人工作没几天一定会被解雇，只有第三类人，他们大多数都会得到晋升。其实，第三类人在能力上并不一定胜过第一类人，只不过是他们的工作态度比前两者好多了而已。无论在什么地方工作，员工与员工之间在竞争智慧和能力的同时，也在竞争态度。一个人的态度直接决定了他的行为，决定了他对待工作是尽心尽力还是敷衍了事，是安于现状还是积极进取。态度越积极，决心越大，对工作投入的心血也越多，从工作中所获得的回报也就相应地越多。

其实，成功更是依靠成就定律的作用。许多创业者将失败归咎于资金、经验、时机，其实是错的，因为只要态度正确，没有资金的人，会得到他人的信任、帮忙，今天缺资金，但明天会解决；能力不足的人，没关系，只要态度正确，努力不懈，今天不会，明天就学会，能力会快速累积；而今天时机不对，运气不好，只要态度正确，不怨天尤人，继续乐观工作，时机、运气总会来的。这个社会其实不缺乏有能力的人，但是那些能够为自己工作的人，都能验证工作成就定律，远离失败的威胁，走向成功的高峰。

把工作当使命：像信仰宗教一样信仰工作

工作任务在大多数人的生活中占据着重要地位，除去睡眠时间之外，人的一生当中占据时间最长的就是工作了。对于自己所从事的工作，有些人视为苦役，他们丝毫感受不到工作的意义和成就感；有些人视工作任务为使命，他们钟爱自己的职业，喜欢工作中的挑战，所以他们能够在工作中充分发挥自己的创造力，并且充分享受由自己的努力换来的成就和喜悦。

在企业中，老板最欣赏的就是把工作当成使命的员工。因为有信仰的人是虔诚的，他们会认真做好现在的工作，把工作当成一种使命，而并非是一种痛苦，那无论从事什么行业，他们都会做到最好。

马克斯·韦伯在他的传世之作——《新教伦理与资本主义精神》一书中阐述了“新教伦理”所孕育出来的资本主义精神是资本主义市场经济的基石。其中，他用了一章专门分析了新教改革时路德的“天职”观念在资本主义发展中的关键性作用。简单地讲，所谓“天职”观念是指：完成你在这个世界上的职位所赋予你的义务，是一个人道德行为所能达到的最高形式。一个人可以在任何行业中得到拯救，在短暂的人生历程中，一味计较职业的形式没有任何用处。

在西方，伦理的源泉是宗教，虔诚的宗教信仰为人们的经济行为和经济思想提供了最坚定、最丰富的支持。德国货之所以成为优良品的代言词，是因为德国人生产商品主要不是以获得金钱为目的，而是以对宗教般的虔诚来看待自己生产的产品。他们工作并不仅仅是为了谋生，更是为了完成上帝安排的任务。不难想象，这与干活只是为了赚钱的观念有多大区别，在工作态度的严谨和认真程度上会有多大的不同，制造出来的产品在品质上又会有多大的差距。

如果没有虔诚的信仰，就有理由敷衍我们的工作吗？是什么可以让我们战胜人性的懒惰和自私，超越一己得失，把属于自己的工作做到完美？答案是：内心的使命感。

使命乃是指所要奉行的命令，所要担当的任务，使命感是促使我们采取行动，实现理想的心理状态。人在现实中的职业和工作，就是一种天职，你要有这样的信念。当你视工作为你生命中必须完成的重要使命时，你就会更容易认同你所从事的职业，并且长久地保持工作热情。

艾伦9岁的时候，生活在南达科他州祖父的农场里。暑假里，祖父告诉他，如果他想要额外的零用钱，可以在农场里做点活儿来换。艾伦很高兴，他喜欢骑马放牧，可是祖父说只有一件事还需要人手——赤手捡牧场上的牛粪饼。一般的孩子都不愿意干这样的活儿，艾伦虽然不情愿，却还是很认真地做了。

一段时间后，艾伦的祖母开车来学校接他回家，对他说："艾伦啊，祖父就要把你想要的新工作交给你了。你会拥有自己的马匹去放牧，因为去年夏天你捡牛粪时表现得极为出色。"这是艾伦在工作上得到的第一次提升，他开心极了。一个小小的信念也因此在他心中生根发芽。

后来，艾伦得到了肉铺帮工的工作，每星期挣1美元。这活儿仍然恶心，但是他的想法很简单：先做好，一定会得到提升的，然后就能摆脱这份工作了。果然，他后来成了年薪150多万美元的首席执行官。很多年里，这个信念一直支持着艾伦做好每一件工作、珍惜每一次机会。

艾伦·纽哈斯现在掌控着全美读者最广、影响力最大的报纸——《今日美国》。提起童年的生涯，他只感叹了一句："即使你干的是一件恶心的活儿，只要你认真干下去，而且尽量干好，你十有八九会得到提升，也就不用干那样的活儿了，这比当个无用的人无所作为地混下去强得多。"

"即使我做的是一件恶心的事，我也要认真干下去，并尽量干好。"让这句话也在你的心里生根发芽吧！以完成天赋使命般的虔诚对待自己的职责，尽心尽力做到最好。做好自己的工作，你所希望的必然会随之而来。强烈的使命感，是你不断向更高目标迈进、提升自身价值的根本所在。当你相信生而为人就应该完成在人世间的使命时，你就会在做好自己手中事的同时不断吸取力量，向着更高的目标迈进，永远不放弃。

如果你是一个心中具有使命感的人，那么恭喜你。继续努力，过好每一个今天。天生我材必有用，相信在不断地奋斗中，你会在适合自己的岗位上做出亮眼的成绩，让你的家人、朋友以你为荣。

如果过去的你没有意识到自己的使命所在，找不到目标方向，那么请立刻行动起来，把属于自己范围内的每一件事做好。真实的生活虽然会很累人，但这“累人”中却有着只要你用心就能有所发现、有所成就的价值和意义。

你的工作就是你的使命，点滴的精彩铸就生命华美的乐章。让我们在内心建构起神圣的使命感吧！听从它的召唤，把所从事的工作做到最好！

人生的幸福，要从工作中寻找

大家都追求幸福，但幸福不会因为大家的追求，就轻易到来。很多人都渴望得到幸福，但很少有人能够明白得到幸福的途径。幸福要在工作中获得，离开了工作，幸福就是镜中花、水中月，可望而不可即。努力工作是我们获取幸福生活的唯一路径。

爱因斯坦说：“只要你有一件合理的事去做，你的生活就会显得特别美好”。没有工作就没有人生的幸福，只有工作才能带给我们充实幸福的人生。要寻找快乐和幸福，最好的地方就是在自己的办公室，在自己工作的地方。“愚人向远方寻找快乐，智者则在身旁培养快乐”。

达·芬奇说：“劳动一日，可得一夜的安眠；勤劳一生，可得幸福的长眠。”人生的价值在于工作，人生的幸福源于工作。黎巴嫩著名哲理诗人纪伯伦在《先知》一书中，在唯美和感性的诗句间向我们揭晓了工作和人生的真谛。

诗中，当一位农夫请求先知给他讲一讲什么是劳作时，先知说道：

你们劳作，故能与大地的精神同步。

你们慵懒，就会变为季节的生客，落伍于生命的行列；那行列正带着庄严、豪迈和骄傲的顺从向永恒前进。

劳作时你们便是一管笛，时间的低语通过你的心化作音乐。

你们中谁愿做一根芦苇，当万物齐声合唱时，唯独自己沉寂无声？

……

也有人对你们说生活是黑暗的，你们疲惫时重复疲惫者的话。

而我说生活的确是黑暗的，除非有了渴望；

所有渴望都是盲目的，除非有了知识；

一切知识都是徒然的，除非有了工作；

所有工作都是空虚的，除非有了爱。

当你们带着爱工作时，你们就与自己、与他人、与上帝合为一体。

……

劳动可以让我们认识到生活的深度和美感。工作是我们参与社会的一种方式，是我们自己应尽的职责。通过工作的形式，我们实现了自己的人生价值，找到了人生幸福的根源。

卡尔文·库基说过，“快乐不是无忧无虑，不只是享受。这样的快乐是短暂的，缺少一份充满魅力的工作，你就无法领略到真正的快乐和幸福。”工作也是幸福的一部分，无事可干的空虚并不一定幸福。失业后风餐露宿、四处奔走才是真正的不幸。所以我们要珍惜还能有一份工作的幸福，要学会享受工作中那份难得的充实感。

工作对于我们每一个人来说都是一件大事，我们生命中有超过1/3的时间都是在工作。生活幸福与否，和工作休戚相关，有句话说“工作着是幸福的”，正是这个意思。很多时候，人们习惯性地认为，工作是重要而严肃的，或是单调而乏味的，或是紧张而沉重的，甚至认为工作和娱乐、工作和乐趣、工作和快乐往往是相互对立的，而事实上，工作是可以和乐趣、快乐融合在一起的。

曾经有个美国记者到墨西哥的一个部落采访，刚好这天是个集市日，当地土著人都拿着自己的物产到集市上交易。这位美国记者看见一个老太太在卖柠檬，5美分一个。

老太太的生意显然并不太好，一上午也没卖出去几个。这位记者动了恻隐之心，打算把老太太的柠檬全部买下来，以便使她能“高高兴兴地早些回家”。

当他把自己的想法告诉老太太的时候，老太太说出的话却使这位记者大吃一惊：“都卖给你，那我下午卖什么？”

无论从事什么样的工作，无论得到多少薪水，工作所带来的乐趣，总是我们最需要的。正是在工作中，我们的价值得到了社会的认可，获得了实现；正是在工作中，我们成就了梦想，收获了成功的喜悦。

有工作，幸福在身边。真正的幸福其实很简单，它就在我们工作的细微处，就在我们努力的点滴间。这些简单平凡的“小幸福”要有一颗纯真、质朴的心灵才能够体会得到。让自己那颗浮躁麻木的心放松一下，擦亮眼睛，你就可以感受到身边的幸福。

为自己的未来工作

在我们的工作与生活中，经常会听到这样的说法，“我不过是在为老板打工”，或者“差不多就行了，是公司的事，又不是我自己的事情”。这些说法让我们觉得自己是在为别人卖命，或者是在向老板出卖劳力。为什么不换一种说法呢？比如说“老板给了我一份工作”，或者“老板给了我一次锻炼的机会”。这样的说法，会让我们觉得，我们是在为自己的前途而工作，而不仅仅是在为老板打工。

实际上，优秀的员工是不会有“我不过是在为老板工作”这种观念的。他们的事业观认为自己从事任何工作的时候，他们就是公司的老板，因为在他们的眼中，他们是在为自己工作。从某种意义上说，他们和老板的关系更像是同一个战壕里的战友，而不仅仅是一种雇佣的关系。

在一个企业家论坛上，一位曾做装修生意的老板讲了他在工作中的一些所见所闻。

他把接到的生意分成四类：

第一类，花别人的钱，给别人装修；第二类，花自己的钱，给别人装修；第三类，花别人的钱，给自己装修；第四类，花自己的钱，给自己装修。

花别人的钱，给别人装修。这种情况大致都是公家的房子，派个人来办理装修事宜。办事的人不会关心房子装修要花多少钱，也不会太关心用料是否精良，只求早点装修完，早点交差，偶尔也会收收回扣。所以，这一类房子的装修往往比较赚钱，而且不会被对方指责、挑剔。

花自己的钱，给别人装修。这种情况往往是主人装修客房。主人轻易不会住客房，所以，一般情况下不会花费大价钱装修。主卧安装几万元的木质地板，客房铺几百元的就可以了。主卧的床要柔软、舒适，客房的床往往买个木板床就可以了。主人一般会很计较价钱，而不是很计较质量。这一类的钱不会赚太多。

花别人的钱，给自己装修。这种情况往往是企业高层职员装修房子，公司给报销费用。既然是花别人的钱，自然不会节省，但给自己装修，用料一定要精良。这一类生意往往比较赚钱，但是，客户会百般挑剔，一定要力求完美。

花自己的钱，给自己装修。这是最普遍的现象，老百姓自己掏钱给自己装修。这笔钱是最不好赚的。客户不但对用料很挑剔，而且价钱也要便宜才好。往往在一个马桶的问题上也要反复思量，既要美观大方，又要经济实用。

从这四类客户中，我们想到了工作同样有四种境界：花别人的钱，办别人的事，最不负责任；花自己的钱，办别人的事，最经济；花别人的钱，办自己的事，最浪费；花自己的钱，办自己的事，效果最好。

装修老板的一番感悟也让我们反思：怎样才能把工作做得更好？只有具备第四种工作境界，把每一份工作都当做自己的，给自己办事，才能让自己与企业实现共赢。

被誉为“世界上最伟大的推销员”的乔·吉拉德在被问及如何成为一名好的推销员时，他是这样说的：“不要把工作看成是别人强加于你的负担，虽然是在打工，但多数情况下，我们都是在为自己工作。只要是你自己喜欢，就算你是挖地沟的，这关别人什么事呢？”

世界上汽车推销商的平均销售纪录是每周卖出7辆，而吉拉德平均每天卖出6辆汽车。

1963年，25岁的吉拉德所做的建筑生意失败，令他身背巨额债务，几乎走投无路。后来，他只有改行去卖汽车。开始时，他并没有把推销员这份工作放在眼里，只是将之当做养家糊口的一种手段。

当他第一天经过努力卖掉了一辆汽车后，他内心的想法完全改变了。他掸掸身上的灰尘，信心百倍地对自己说："就这样，好好地干，你一定会东山再起的！"

从此以后，吉拉德把心思全用在了工作上，用废寝忘食一词来形容他对工作的态度一点不为过。一次，妻子打来电话，说他们的小儿子已住进了医院，让他赶快过去。当吉拉德匆忙换下工作服准备离开时，一位顾客找上门来，说刚买的汽车刹车不好使，要求他尽快给调一下。吉拉德二话没说，立即又换上工作服钻进了车底，一干就是几个小时。当他拖着疲惫的身躯赶到医院时，妻子已经搂着儿子进入了梦乡。他没有惊动他们母子，在病房的墙角蹲了一夜，第二天又早早地上班去了。

在吉拉德一个月没有卖出一辆汽车的时候，他也没有失望。多年的经验和教训告诉他，所有的工作都会有难度，都会出现这样或那样的问题，如果一遇到问题就缩头退让，或者一次接一次地跳槽，情况有可能会越来越糟。

他常把对待工作的态度形容成一个人种下一棵树，从种下去开始，只要你精心呵护，倾注你的热情，该浇水时浇水，该剪枝时剪枝，到它慢慢长大时，就会给你回报。

作为一名汽车推销员的吉拉德，目前种下的树苗已长成参天大树，给他带来了无穷的财富。

在现实生活中，我们经常会看到一些受过良好教育、才华横溢的"穷人"。他们在公司里长期得不到提升，主要是因为他们不愿意自我反省，养成了一种嘲弄、吹毛求疵、抱怨和批评的恶习。造成这种状况的原因在于他们没有找到正确的事业观：努力工作并不仅仅有利于公司和老板，其实真正的受益者恰恰是自己。

如果你能够认识到，你是在为自己工作，那么你将会发现工作中包含着许多资产。这些无形资产的价值是无法衡量的，最终的受益者是你自己。

Who Are You Working For?

第二章

工作的目的，只是证明自己的生命价值

为什么乔布斯赢了：发自内心地热爱工作

超越雇用关系，把工作当事业

“岗位股份制”理论：你的价值你做主

实现人生价值：工作“加宽”生命

为什么乔布斯赢了：发自内心地热爱工作

2006年11月，微软对苹果公司的ipod宣战，推出了Zune播放器，和ipod外观类似，但没有ipod轻巧。两年过去，它的市场份额还不到5%。又过了几年，乔布斯直截了当地指出了造成Zune缺乏灵感的设计和市场疲弱的原因："随着年纪的增长，我越发懂得'动机'的重要性。Zune是一个败笔，因为微软公司的人并不像我们这样热爱音乐和艺术。我们赢了，是因为我们发自内心地热爱音乐。我们做ipod是为了自己。当你真正为自己、为好朋友或家人做一些事时，你就不会轻易放弃。但如果你不热爱这件事，那么你就不会多走一步，也不情愿在周末加班，只会安于现状。"

带着爱去工作，真正地为自己去工作，就是将你灵魂的气息注入你所有的产品。对工作的爱，能避免人生的无知和盲目，劳动就是把爱显影，使之有形可见。

如果不热爱自己所做的工作，如果不是深信工作是为了自己，你终将会被那些热爱自己工作的人击败。这常常被人们所忽视。若有人把工作看做苦役，通过做苦役去换取名牌汽车、心仪的洋房，把爱好和工作割裂开来，是一件很愚蠢的事。《基业长青》的杰里·波拉斯以及他的助手，用了数年时间与全球200多位成功人士进行访谈，最后写成《成功长青》。在这本2007年出版的风靡一时的畅销书中，杰里·波拉斯说，从事自己并不热爱的事业是非常危险的。

大多通过创业的成功企业家都是这样的，他们对工作的每一个细节注入爱的气息，用炽烈的热情去努力。于是，他们以对工作的爱作为老师，并在这位老师的指引下，找到了一条使生命一直激越和更加充实的阳光大道。

1981年，当加德纳争取一份在迪恩·维特·雷诺兹证券经纪公司（Dean Witter Reynolds）里没有报酬的实习工作时，他跟两岁大的儿子有一年的时间都无家可归。（在为《彭博商业周刊》所作的在线访谈中，加德纳告诉我说电影制片人将片中自己的儿子设计为5岁的小男孩，这样他们俩之间可以有对话的场景，但实际上他儿子当时还在襁褓中。）加德纳和他儿子每晚就在加州奥克兰市的地铁厕所中躲避风雨，他办公室的人对此都毫不知情。

最终，加德纳成为一名证券经纪人。两年后，他跳槽到贝尔斯登，并成为业绩最好的员工。1987年，加德纳在芝加哥成立了自己的加德纳·里奇证券经纪公司（Gardner Rich）。今天的加德纳已经成为一名千万富翁、鼓动人心的演说家、慈善家和跨国商人。他发起了一只私募基金专门投资南非市场，这只基金的合作伙伴是纳尔逊·曼德拉。对于一个6年前还在"背负着一个婴儿与贫苦生活抗争、拼死杀出一条血路"的人，6年后就创立了属于自己的证券经纪公司，不简单啊！

"是哪一样东西改变了你的人生呢？"《商业周刊》的记者采访他时问道。

他告诉记者，是对工作的爱，"你得对自己的事业爱得发狂才行，就像精神错乱一样。"

加德纳对我们提出的忠告是：大胆追逐你所钟爱的事物。它也许与你当初接受的教育无关，但一定要大胆去闯。就算全世界都反对，自己也要坚持。

这正如京剧业内的一句行话："不疯魔不成活"。"不疯魔不成活"指的是一种职业精神，指的是一种境界，一种极痴迷的境界，无论对戏还是对工作具有一种深深的迷恋，这种迷恋让人深陷其中，如痴如醉，忘我地全身心付出。古往今来的艺术大师、科学巨人，能成就一番大作为者，不乏疯魔之辈，唯有此等痴迷投入才能终成大器，完成大业。

著名主持人曾子墨在从美国达特茅斯学院毕业时，进入了国际投资银行摩根士丹利。刚进入摩根时，她说自己心里充满完全投入其中的激情。她说："刚开始一切都是全新的，自己能学会很多东西，我热爱这份工作带来的成就感和满足感。"

工作不是玩乐，各有各的辛苦。但如果工作不是你所热爱的，就试着去改变心态，快乐地工作，坚持下去，就会在工作中得到乐趣，逐渐变成主动从工作中寻找乐趣，从寻找乐趣渐渐地会变成热爱工作。

热爱工作的良好心态会使平凡的工作充满乐趣，哪怕在工作中遇到困难和挫折，也会很快走出失败的阴影。只有这样，我们才能以一种良好的状态迎接新的机遇与挑战，工作和生活才会更加充实、愉快。

超越雇用关系，把工作当事业

在许多人眼中，老板与自己就是简单的雇用和被雇用的关系。老板付酬金，我工作，老板从中赚取更多的利润，我就是在为老板工作，为可怜的薪水工作。如果你抱着这种心态，就不会付出全心的努力，也无法快速融入工作，更谈不上干一番事业！

仔细看看那些比你成功的人，你之所以不如他们，是因为他们在私下里比你更努力地工作。他们更关注工作的过程。当你的付出大于得到、能力大于位置时，老板自然会给你提升职位，给你更多的机会为他创造更多的利润。

在美国，每一年的平均薪资排行榜中，各大企业高管总是位居前列，但若你了解到他们每天的工作，他们每天所处理的文件，你就会对他们能领到那样的高薪而感到心理平衡一些。

在我国，大多数人的工作时间都是每周40小时，而那些服务于世界一流企业的高管，他们每周的工作时间最低也要80小时，更有服务于顶级金融机构的人每周的工作时间超过100小时，相当于没有休息日，每天工作15个小时。他们一天所处理的文件甚至能多达100多份，尤其是华尔街金融业基金经理，最忙时每天经手数千次交易。

看到这些，你是否还觉得别人的工资都是名不副实，自己的辛苦名不实归？不要惊讶那个当初和你一起进来的同事忽然成了你的上司，你们是一起进公司的不假，最初你们拿的薪水差不多，甚至对方比你还微薄，但对方却没有任何抱怨，而且付出了比你多一倍，甚至几倍的努力。

励志电影《为人师表》中的演员爱德华·奥尔莫斯应邀参加大学生的毕业典礼时，满怀激情地对大学生说：“在大家离开前，我有一件事要提醒各位，记住千万不要为了钱而工作，不要只是找一份差事。我所说的‘差事’是指为了赚钱而做的事情，在座各位当中许多人在校期间就已经做过各式各样的差事，但工作是不一样的。你对工作应该有非做不可的使命感，并且要乐在其中，甚至在酬劳仅够温饱的情况下，你也无怨无悔。你投入这项工作，因为它是你的生命。”一个人无论职位多么低微，只要在工作中树立积极的心态，最终就一定可以在企业中成为有价值的员工。

章淇出生在农村，但他从小不服输，通过自己的不懈努力，终于从北京的一所名牌大学毕业了。由于成绩优秀、实践能力强，毕业后的章淇顺利进入了一家大型企业工作，但是职位很低，薪水也很低。

看着那些老员工每个月干的活儿不多，薪水却比自己多了一倍多，同章淇一起进来的几个年轻人都在抱怨，章淇却并没有为此抱怨。在他看来，那些拿着高薪水的员工经验丰富、技术扎实，拿高薪水是理所应当的。同时，他执著地认为只要自己努力工作，展示出超人的工作能力，领导一定会看见自己的价值，薪水自然也会涨高的。

可是一年过去了，章淇纵然表现出了出色的工作能力，但薪水并不比那些表现一般的同事高，离那些老员工更是差了一大截，职位也没有得到晋升。很多以前的老同学劝他离开这家企业另谋发展，但章淇觉得自己的努力还不够，技术也还没有掌握好，于是工作起来更加认真了。他坚信，只要自己付出的足够多，自己足够优秀，总有一天上司会看到自己的能力和才华，从而给他加薪晋升，把他当成公司的骨干。

果然，功夫不负有心人。通过一年的努力，章淇的技术有了很大的提高，也积累了不少工作经验，业绩呈直线式上升。又过了一年，当初一起进来的同事都已经跳槽的跳槽、离职的离职，章淇却已经成了项目经理，职位和薪水都远远超过了自己的预期。

超越雇用关系，着眼点放在工作价值上，你就会集中精力，全力以赴地把工作做好。因为工作做得好，老板就非常乐意付给你钱。而且你做得越好，老板就付得越多！每一份私下的努力都会得到公众的认可和理所应当的回报。

普天下的消费者都是在看到或感觉到商品的价值后，才愿意或是心甘情愿地付出认为值得的价钱！工作就如同商品，当你不能让别人看到或感觉到价值的时候，你根本不可能得到你想要的。因为你得不到想要的，所以就做不出来工作；因为做不出来工作，你就得不到想要的。如此僵持与恶性循环，最终是企业和人才两败俱伤，只是企业损失少点而已，人才却因为这种态度和理念付出了宝贵的时间和生命。最起码，一生在这个过程中，生命是毫无意义的！

“岗位股份制”理论：你的价值你做主

很多员工错误地认为，自己只是老板赚钱的工具，自己付出越多被老板剥削得就越多，反正加薪晋升也是希望渺茫，于是沉不住气，拈轻怕重、糊弄了事，能少做就少做。许多员工，对于工作注重的是“薪水是多少”“工作时间长不长”“公司有哪些福利”“有多少假期”以及“什么时候调薪”。绝大部分人都忽略了一个重要的因素，那就是工作背后的意义。

员工为老板打工，老板为员工提供福利报酬，这是员工价值的一种体现。但是，除此之外，工作中还蕴涵着许多个人发展的机遇。我们在工作中除了物质利益之外，最大的收获就是经验，还有就是良好的培训、个人职业品质的提高和个人品德的完善。

高贤峰博士提出了一个“岗位股份制公司”的理论，它的内容主要是：“每一个工作岗位，都是一个股份制公司。这个股份制公司有两个股东，一个是老板，一个是员工。老板向岗位股份制公司投入的是货币资本，表现为资金、厂房、设备、土地等，要求回报的是利润；而员工向岗位股份制公司投入的是人力资本，表现为知识、经验、技能等，要求回报的首先是知识、经验、技能。”

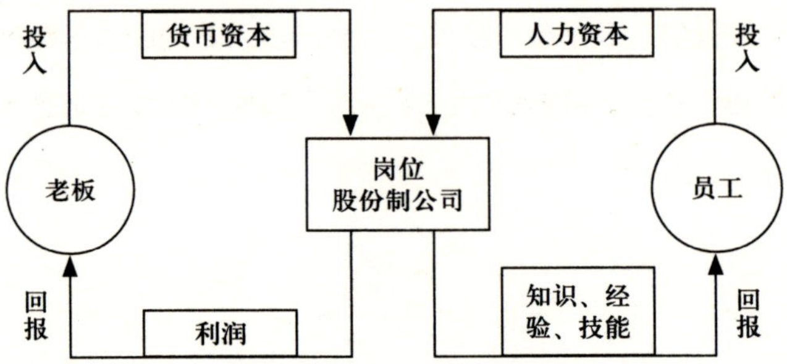

岗位股份制公司理论图

也就是说，努力工作得到的是双赢的收益，我们不仅仅是在为老板打工，同时也在为自己打造事业的根基。我们和老板一样，都是所在岗位的主人翁，我们是在为老板，也是在为自己工作，多投入就等于多回报。

通过“岗位股份制公司”理论，我们可以延伸出以下一些知识：

（1）岗位股份制公司：员工以人力资本入股岗位股份制公司，是股东之一。工资是劳动的报酬，知识、经验、技能的积累是股东的分红。

（2）老板和员工分别向股份制公司投入了货币资本和人力资本，但是投入的额度不一样，一般是老板占大股，员工占小股。因此，在这个岗位股份制公司里，老板还是董事长，员工则是总经理。

（3）打工者心理定位：紧盯工资报酬就是打工者定位。把自己定位为打工者，必然产生“我为别人做事，别人给我工资”的心理。“尽量少做事，想法多挣钱”就成为自然的“打工者逻辑”，“遇到难事躲着走，能少干就少干”则成为打工者的工作表现。

（4）“对自己负责”定位：把岗位当成自己的公司，“见工作就干，不管分内还是分外”，“有困难就上，不管报酬高还是报酬低”。结果，正如上文提到的，多干一份工作，就多积累一些经验，就等于多分红一次；克服一个困难，就等于争取了一次技能提升的机会，又争取到一次分红的机会。最终，知识、经验、技能得到大大提升，报酬的提升就有了根本的保证。

不同的心理决定不同的发展方向，持有打工者心理的人必然产生“我为老板干活，老板给我工资”“尽量少做事，想办法多挣钱”“遇到难事躲着走，能少干就少干”的心理，这样一来，他们对岗位责任制公司投入的少，收获的自然也少。人力资本没有提升，报酬的提升就没有根基。因此，打工者的定位不可能使人有长期的职业发展。

小王是一家公司宣传部的助理，刚进公司一个多月，大概了解了公司宣传方面的工作。

一天，经理让她去做一个市场调查，看看公司新上市的化妆品卖得怎么样，消费者是如何评价的。小王先来到本市最大的一家商场，在化妆品专柜，她看到自己公司的新产品几乎无人问津，小王心里很不舒服。

小王看见有位顾客似乎自己拿不定主意，在每个柜台前都看一会儿，在自己公司的专柜前，小王主动询问这位顾客需要什么功效的化妆品，了解到顾客需要的正好符合这批化妆品的功效，小王凭着一个多月来对这种产品的了解，向顾客详细介绍了该产品，她自己也没有想到，平时寡言的自己会有这么多的话说。她的“激情演说”吸引了越来越多的顾客，大家都对这个新上市的化妆品充满兴趣。最终，这天的销售额是该产品上市以来最高的。

总经理听商场经理讲了这件事，决定对小王进行奖励。当他问小王为什么会走过去，主动向顾客推销新产品时，小王说：“看到咱们的产品几乎没有人过去问，我很着急，我是公司的员工，就是公司的主人，对公司的事情义不容辞。”

不久之后，小王就晋升为另一个区域的宣传经理了。

有什么样的心态就决定你会过什么样的生活。当你能真正去关心企业的成长，去考虑企业的明天时，你就会把企业的事情当做自己的事情，就知道什么是自己应该去做的，什么是自己不应该去做的，就会像老板一样去思考，像老板一样去工作。不管你从事什么样的工作，都会比那些只具备打工者心态，敷衍了事的人更容易走向成功。

强生CEO兼总裁詹姆士·伯克说："没有企业的赢，就没有员工自我价值的实现；没有企业的赢，也就没有员工的发展。但是，如果没有双赢，就没有企业的长盛不衰。员工成长是企业发展的动力，企业发展是员工成长的根基，只有共同成长才能实现双赢。"是的，老板、企业和员工是一个利益共同体、命运共同体，企业的成长依赖于员工的不断进步，员工的成长离不开企业这个平台。而企业的成功不仅意味着老板的成功，也意味着员工的成功。企业兴，则员工兴，这是不变的职场真理。

实现人生价值：工作"加宽"生命

实现人生价值主要是指个人理想、抱负，最大程度发挥个人的能力，从而完成与自己能力相称的一切事情的需要。很多有钱人在物质极大富有之后，仍然希望自己工作，就是为了寻找工作的乐趣，抑或是为了寻求更大挑战，实现更大的人生价值。

对每一个人来说，生命的起点和终点，都是无法选择的。但是，我们可以选择生命的过程。如果一个人从小就非常努力，创造了很多的成就，那么，他的生命过程就会因为卓越的成就而更加丰富——即被“加宽”。通过努力将生命“加宽”的人有很多。鲁迅先生只活了55岁，他的生命是相对比较短的，但他留给我们丰富的文学财富，影响着一代又一代人。在工作中实现人生价值，就是“加宽”生命的一种方式。

谢辉只是一个普通的技校毕业生，1991年毕业后分入益阳市橡塑机械集团公司。他在学校学的是钳工，毕业后一直在车间担任钳工。1996年，橡塑公司的电工队伍出现断层，公司领导决定在员工内部招聘一批电工。

当时的电工可算是车间所有工种当中的“白领”了，不用做大量的体力劳动，也比较干净，但是对技术水准要求却很高。从小就喜欢修东西的谢辉冲着这个，兴冲冲地跑去参加了考试。随后，通过考试的他顺利地成为了一名电工，负责车间的车床维修。

“白领”的工作并不是那么好做的。一开始，谢辉仅仅凭着自幼的爱好与过人的悟性来应付，一些小故障就这样让他对付过去了。然而在车间的六面龙门刨上，他栽了第一个跟头。六面龙门刨是车间最精密的设备之一，那次接到维修任务的他加班加点，从早到晚对着机器修了足足4天，结果也没修好。车间的同事都笑他加班只是为了混快餐吃。

知耻而后勇。第一次尝到挫败滋味的谢辉开始拼命地买书，拼命地学习。为了买到最新的专业书，谢辉有一段时间几乎天天往新华书店跑。他告诉记者，因为电工方面的专业书书店很多时候就进那么一两本，“你要不经常去盯着，保不准那书你还没见过就让人给买走了。上次我要的一本书被人买走了，我还专门跑去跟营业员说了半天，让他查查那个人的住址，让我复印一本也行啊！查不到，没办法。”为了读懂机器的英文说明书，他连英汉辞典都买了几部。初中时最恨英语的他现在读英文资料也能读得非常顺畅了。

谢辉的努力并没有白费。他先后自学了数控机床、单片机编程等技术，并获得全国知识型员工称号。2006年他荣获“全国五一劳动奖章”。2008年，谢辉参加益阳市第三届技能大赛，获得了电工组的第一名。2009年，他又代表益阳参加了湖南省的技能竞赛。如今，这位半路出家的电工已经是益阳市数得着的高级技术人员。许多外地同行专程开着小车来向他请教车床维修上的问题。

橡塑的老总下到车间视察时，总爱指着谢辉勉励大家说：“大家好好干！看看谢辉，电工也是能做出名堂来的！”

“我们这一代最伟大的发现是，人类可以经由改变自己而改变命运。”谢辉用行动实现了自己的人生价值。

任何一份工作都有它的优势和劣势，任何事情都有它的优点和缺陷，世间没有完美的东西。但是，不论我们是一个出色的组织领导者，还是一个普通的职员，只要我们努力工作，奉献得总是比别人多，人们终究会回报我们更多。如果我们能为顾客提供更多和更好的服务，顾客必定会记住我们，而上司也会视我们为不可或缺的人物。在今天这个缺乏责任心的社会里，我们将会因为提供优良的服务而获得巨大的回报。

Who Are You Working For?

第三章

经营工作，经营自己，经营未来

工作是拓展人脉的平台

找到自己的智能最佳点

手表定律：切忌用两套价值观去工作

从宏观思考问题，不做井底之蛙

最大化影响力，提升你的工作价值

工作是拓展人脉的平台

当我们从大学刚刚步入社会，没有工作之前，我们没有人脉，但是随着时间的积累和工作经验的增多，我们就会在这个领域认识很多人。因此可以说，工作是你拓展人脉的平台。

曾经有位记者采访张瑞敏，问其成功的秘诀是什么，张瑞敏回答说："成功有三个条件：人际关系，人际关系，人际关系。"是的，很多时候成功是靠别人加自己的努力获取的，而在这之中人际关系是至关重要的。要知道人脉就是财脉，人脉就是钱脉，人就是钱。所以我们要充分认识人际关系的重要性。

某财经杂志采访过一位成功人士，他原来在北京一家较大规模的电脑图像制作公司工作，在工作中与很多小的电脑图像公司、报社、杂志社、电视台、电视节目制作公司建立了联系，积累了人脉。时机成熟后，这位成功人士辞去了原来的工作，自己成立了一个电脑图像工作室。

因为相当于原来工作的延续，无缝衔接，而且又有很多同行业朋友的支持，这位成功人士几乎没有冒任何风险，便踏上了成功之路。现在他的工作室生意很红火。

你若想成功，就必须有很多人的支撑。任何一个只想依靠自己的实力获得发展的人，都将承受更大的压力，受更多的苦。所以，不要再仅仅执迷于自己的力量，从现在开始储备你的人脉吧！若干年以后，你就会发现，这些人脉为你提升了人生价值，并且这些价值已经远远超过了储备黄金所创造出来的价值。

工作中，不管是上下级之间、同事之间，良好的人际关系都可以帮助你顺利地开展工作。所以，在企业中你不仅要把工作做好，还要维系好人际关系，这就是人脉。所以，你在公司工作最大的收获不只是你赚了多少钱，积累了多少经验，而更重要的是你认识了多少人，结识了多少朋友，积累了多少人脉资源，它是你终身受用的无形资产和潜在财富。

在台湾证券投资界，杨耀宇就是一位将人脉竞争力发挥到极致的脉客。他曾是统一投资顾问的副总，退出职场后为朋友担任财务顾问，并担任五家电子公司的董事。根据推算，他的身价应该有近亿元（台币）之高。凭什么他一个从台湾南部北上打拼的乡下小孩儿，能够快速积累财富？“有时候，一个电话抵得上10份研究报告。”杨耀宇说，“我的人脉网络遍及各个领域，上千、上万条，数也数不清。”

一个人最大的财富，不是银行存款，不是房产，也不是产业，而是他所经历过的每一件事，以及所认识的每一个人，也就是说，是他的经历与人脉。这种人脉资源不仅对你在公司工作时有用，即使你以后离开了这家公司，还会成为你创业的重要资产。拥有它之后，你会知道在创业过程中一旦遇到困难，你该打电话给谁。

有工作就是你的优势。不进入职场，不进入圈子，不去和更多的同事交流、交往，你就不会有自己的人脉资源。人脉资源丰富是上班族的一个特点，也是上班族的一个优势。你在日常工作中每天都会结识不同的人，有些人和你点头而过，有些人则成为你很好的朋友，而有些人则是“战略合作伙伴”。

工作环境及性质对于拓展人脉也很重要。良好的工作环境可以帮助我们更加便捷地拓展个人社交圈，如果你的工作性质决定了你每天要和人打交道，首先就提供了交往的先决条件；其次，在丰富的社交经验中个人交际能力得到提升，学会怎样更好地与人和谐相处，反过来就会有利于个人社交圈的拓展。

因此，我们只有身在职场，积极参加企业组织的各项活动和社会商业活动，才能通过工作这一平台来结交更多的职场朋友，才能对我们今后的事业有所帮助。

找到自己的智能最佳点

经营自己的强项，做适合自己的事才能取得成功。最适合自己去做的事是自己最感兴趣、自身素质能够满足要求、客观条件许可的事，这几种因素缺一不可。选对事情再加上恒心和毅力，才有希望做好，有较大的把握做好。

奥托·瓦拉赫是诺贝尔化学奖获得者。瓦拉赫读中学时，父母为他选择的是一条文学之路，不料一个学期下来，老师为他写下了这样的评语："瓦拉赫很用功，但过分拘泥，这样的人即使有着完美的品德，也绝不可能在文学上发挥出来。"父母只好让他改学油画。

可瓦拉赫既不善于构图，又不会润色，对艺术的理解力也不强，成绩在班上是倒数第一，学校的评语是："你是绘画艺术方面的不可造就之才。"但是化学老师认为他做事一丝不苟，具备做好化学实验应有的品格，建议他试学化学。父母接受了化学老师的建议。这下，瓦拉赫的智慧火花一下被点着了。绘画艺术的“不可造就之才”一下子变成了公认的化学方面的“前程远大的高才生”。

这就是“瓦拉赫效应”：人的智能发展都是不均衡的，都有智能的强点和弱点，人一旦找到自己的智能最佳点，使智能、潜力得到充分地发挥，便可取得惊人的成绩。懂得经营自己的强项是成功的关键。

马云认为：每个人要做自己的强项才有竞争力。阿里巴巴一直专注于中小企业电子商务领域，正是由于对自己优势的认识以及坚持，才使其取得了今日的成就。

在马云看来所谓的门户网站和电子商务网站的最大区别不在商业模式，不在技术，不在组织架构，而在用户体验。“办农场”是门户网站对用户体验的创造，而“开饭店”是电子商务的用户体验创造。因此他强调阿里巴巴要专注于自己的领域，发挥自己的强项，努力“开好饭店”，不去一味多元化。

2004年马云在接受媒体采访时说：“我认为门户网站是办农场的，养鸡、养鸭，什么都有，但是让他们开饭店就不行了，这是两个概念。我觉得我们不养鸡，但是可以整合资源，把各种原料拿来，作出好菜。每个人都应该做自己的强项。一个公司必须把自己的强项做到最好才有竞争力。”

“重点突破，所有的资源在一点突破”，只要你能凭借自己的力量去做成功一件事，你就绝对不是失败者。

每一个人都有自己的兴趣、爱好，都有自己擅长做的事，因而要取得成功，就要把自己奋斗的目标定位在自己热爱的事业上，不能选择自己兴趣不大或者毫无兴趣的事。

无论做什么事，都要自身的基本素质许可，如果是一些特殊的职业，对一个人的要求会更高。有的职业对身体素质要求比较高，如运动员、演员、飞行员、时装模特等；有的职业对智力要求比较高，如科学家、作家、商业策划人员、电脑专家等；有的职业则要求所从事的人员综合素质好，如政治家、外交家、电视节目主持人、高级管理人员等。

还有一些特殊的职业，对人的某一个方面有特别的要求，一般人难以从事这些工作，如调酒员，则要求有独特的味觉和嗅觉等。因而，光有爱好、兴趣还远远不够，必须具备从事这项工作所需要的身体或智力条件。就像很多人都羡慕运动员、演员的风光，但是，要想使自己成为一名运动员或演员，并不是仅靠爱好就能够做到的。

当然，具有良好的自身条件，并不意味着我们做什么事都会成功，还需要一定的客观条件。例如，农民种庄稼，关键是要有种子，但是有了种子不播种在田地里是不行的，播种在土里，如果季节不合适、没有雨水、没有阳光等仍然是不行的。可见，客观条件同主观条件一样重要。

因此，一个人要实现自己的价值，就应当珍惜有限的时间，选择最适合自己的职业，否则只是徒然地浪费时间。人应该努力根据自己的特长来设计自己的未来，量力而行，根据自己的环境、条件、才能、素质、兴趣等，找到适合自己的职业。

手表定律：切忌用两套价值观去工作

只有一块手表，可以知道是几点；拥有两块或两块以上的手表并不能告诉一个人更准确的时间，反而会让看表的人失去对准确时间的信心。这就是著名的“手表定律 ”。

“手表定律 ”带给我们一种非常直观的启发：对于任何一件事情，不能同时设置两个不同的目标，否则将使这件事情无法完成；对于一个人，也不能同时选择两种不同的价值观，否则，他的行为将陷于混乱。一个人不能由两个以上的人来同时指挥，否则将使这个人无所适从。

价值观在韦伯字典里的解释是：“内心认为值得或欲求的原则、标准或品质。”在拉丁语中，“价值观是力量的来源，因为它能赋予人有力量采取行动”。一个人的价值观是围绕着“什么对我很重要”这个问题，它们是根深蒂固的标准，几乎影响一个人生活的各个层面：道德判断、对他人的反应以及对目标的投入。因为有价值观，人们才能不仅仅以个人利益行事，而是能够从更广泛的意义上看待事情。

每个企业都有自己的价值理念和行为准则，如果员工不能认同自己企业的价值理念，最终的结果只有两种：一是员工主动离开，二是被企业辞退。所以，我们应当将自己的价值观融入到企业的价值观当中。

安捷伦公司前董事长、总裁兼首席执行官纳德·巴恩荷特认为“一套价值观犹如一个罗盘，在做决定之前，我们能够利用价值系统的标准来衡量对错。这加速了决策过程，使各种目标一致，可以使数千人一同解决一个问题。最终，使得一个组织变得真正强大起来。”

一位企业家说，企业市场经营的成功在于与众不同的“企业人”。的确，培育独有的“企业人”，对于企业提高国际竞争力至关重要。

最近，美国《财富》杂志载文，分析海尔成功的经验，得出“企业人”对企业起至关重要的作用。去年，美国电器行业销售额明显下降，出现了负增长的情况，美国多家家电制造商纷纷宣布关闭工厂或裁减员工，而海尔在美国的销售额仍保持良好的业绩，这是因为海尔建立的一批美国本土化制造与经营的“企业人”，保证了公司高速运转和高效率。一位美国经营者说：“其他公司可能也会想办法拷贝海尔的管理经验，但是，事实上真正使海尔与众不同的是海尔人，这是没有办法照搬的。”

“企业人”对待企业有着极高的价值，企业的利益高于个人的利益，以企业的发展方向为自己的坐标，他们将自己和企业融为一体，公司的理念就是自己的理念，在思想上和行动上贯彻公司的方针和路线。让自己成为一个“企业人”是经济制度和文化形式发展下的内在需求，正是这样的一群人带动着企业的发展，形成一种特有的企业文化，这就是“企业人”的文化，而这样的“企业人”，无疑是个敬业的人，一个忠诚、有责任感的优秀员工。

认同公司的价值观，就是员工把工作看做是一项神圣的“共同事业”。这也使得公司里许多互不相干的业务、技术和人才紧密地结合成一个整体，将一个广泛的多元化的公司团结在一起，大家都能够为了一个共同的目标而奋斗。

只有把自己和企业的价值融为一体，从企业的角度来考虑问题的员工，才能创造出卓越的业绩。因此，培养自己对企业价值观的认同感是相当重要和必要的。一名优秀的员工应从以下几方面和企业的价值观保持一致：

1. 增强对企业的认同感

心理学研究认为，人对自己所认同的东西会产生极大的热情。管理学则进一步强调，人只有在为自己所认同的目标工作时，才能全身心地投入其间，并充分发挥其创造力。

2. 增强对企业的信任感

在社会化大生产的今天，没有一个人能够孤立的生存，他必须依托一定的组织，归属于一定的集体，这样才能满足其精神、物质、心理和社会的需求。而对组织或一个团体的选择，取决于人们对它的信任度。企业是员工的工作场所，这就为它成为员工所依托的归属的组织提供了可能。

3. 培养自己对于企业的自豪感

每个人都希望自己有值得自豪的地方，并以此为荣。当一个人乐于在他人面前眉飞色舞地介绍自己的公司如何不同凡响时，可以说员工的价值观已经和公司的价值观密切地融为一体了。这种“值得骄傲”的企业形象，一方面可以有力地促进员工在企业中的工作热情，另一方面能够使员工成为企业正面宣传的重要媒介，同时可以证明员工作为“人”的价值。总之，只有当一个员工和企业的价值观保持一致并完全融为一体的时候，员工的潜能才会发挥到最大值，才能创造出奇迹。

从宏观思考问题，不做井底之蛙

一个有眼界的员工，更容易成为一名成功的职场人士。眼界的高低，会决定思维的方式，而思维方式则深刻影响一个人的做事方法。很多人能成功很大程度上就在于他们的眼界高，眼界高才会有长远的打算，我们只有做好充分的准备，在迈向成功的路上，才能不失方向。提高自己的眼界很重要的一点就是要培养自己的宏观思维。

宏观思维不论对于领导者还是一般员工都十分重要，具备了宏观思维就能“跳出三界外，不在五行中”，从一个更客观的角度审视自己的决策与行为，这样眼光能放得更长远，才能看到更长远的未来。

马云在结识了外经贸部的王建国之后，在王建国的引荐下，外经贸部中国国际电子商务中心（简称EDI）邀请马云加盟。1997年12月，33岁的马云决定北上。马云带着8个人来到北京，正式加入EDI，马云出任电子商务中心信息部经理。

在加盟EDI后，马云及其团队主要负责两块工作，一块是外经贸部官网，另一块是中国商品交易市场，这是马云真心想做的。

马云在外经贸部中国国际电子商务中心，运作该中心所属国富通信息技术发展有限公司。从1997年年底加入，马云带领他的团队在不到一年的时间内，开发了外经贸部官方站点、网上中国商品交易市场、网上中国技术出口交易会、中国招商、网上广交会和中国外经贸等一系列站点。马云随后又与雅虎的杨致远合作，使国富通成为雅虎在中国的独家广告代理商。

国富通和中国商业交易市场网站，当年就实现赢利，纯利高达287万元。拿着不菲的工资，马云手下的年轻人都很开心。马云却高兴不起来，因为这些和他的理想存在差距。1998年底，马云做出决定，他要重回杭州再次创业。

马云非常重视这段在外经贸部工作的经历，他认为因为这段经历，自己的层次有了一次飞跃。对此马云说道："在这之前，我只是杭州的小商人。这次为国家工作，我知道了国家未来的发展方向，学会了从宏观思考问题，我不再是井底之蛙。"

宏观思维可以分为整体思维、历史思维和全局思维。

整体思维要求我们把认识的对象当做一个整体来考察，把一个认识对象看成是一个整体，抽象成一个完整事物，忽略其内部结构。整体思维不局限于事物的具体特征，而是将之与其他相关事物进行比较，观察外部变化对认识对象产生的影响。

历史思维以发展论为其哲学根据，认为事物是一直沿着某种发展趋势运行，在这个运行的过程中不断产生新的变化。因此历史思维认为从时间历程来考察，事物处在某一时间点的状态是微不足道的，另一方面事物在某一时间点上表现出来的特征都可以通过历史的回溯找到其产生的原因。

全局思维认为将认识对象的内部关系当做是一个相互关联的整体，其中各种因素相互影响、相互作用，最后表现出认识对象的一个宏观的外部特征。全局思维认为任何一个局部的变量都是各种因素共同作用的结果。

宏观思维的三个维度可以归结为一种系统论、系统思维的方法。

系统思维是"看见整体"的一项修炼，它是一种思维框架，能让我们看到相互关联的非单一的事情，看见渐渐变化的形态而非瞬间即逝的一幕。这种思维方法可以使我们敏锐地预见到事物整体的微妙变化，从而对这种变化制定出相应的对策。

系统论的基本思维方法告诉我们，当我们面对一个问题时，必须将问题当做一个系统，从整体出发看待问题，分析系统的内部关联，研究系统、要素、环境三者的相互关系和变动的规律性。问题的内部不仅存在关联，与外部环境也同样产生作用。我们必须将其分开进行观察，然后再将其按照系统的模式来进行分析。

在系统思维中，整体与要素的关系是辩证统一的。整体离不开要素，但要素只有在整体中才成其为要素。从其性能、地位和作用看，整体起着主导、统率的作用。因此，我们观察和处理问题时，必须着眼于事物的整体，把整体的功能和效益作为我们认识和解决问题的出发点和归宿。

因此，我们想在事业中取得大的成就，想在生活中获得快乐与幸福，应该培养自己宏观的系统的思维，如此就能把眼光放长远，把胸怀放广阔，用一种大智慧来应对人生。

最大化影响力，提升你的工作价值

影响力有多大，你的价值就有多大。我们要在企业中充分发挥自己的作用，就要提升自己的影响力。

影响力从哪里来？概括来说，主要就是从我们的人品、能力、贡献和人格魅力中来。

束滨霞采油站是辽河油田公司第一座以人名命名的基层班站。“火车跑得快，全凭车头带”。束滨霞作为采油站的带头人，最大价值的就是靠自己的能力和精神影响全站的人。

1983年7月，17岁的束滨霞怀着满腔热情当上了一名采油工人。刚上班不久，一次井口喷油，她冲上前去解决，但是操作失误，油不但没止住反而喷得更凶了。闻讯赶来的站长几下子就解决了问题，语重心长地对她说：“想干好工作光有热情是不够的。”

束滨霞将这句话牢牢记在了心中，从此她抓住一切机会向书本学、向师傅们学，勤学知识、苦练技能。

凭着一种不服输的责任感和坚持力，她迅速掌握了过硬的采油技术，被誉为“油井华佗”。二十多年来，她像爱护自己的孩子一样爱护油井，积极探索油井长期稳产增效的新方法和新途径，并取得了显著成效。

在束滨霞的言传身教下，采油站形成了一整套学习制度。他们组装了拥有全套油井工艺流程的“流动练兵车”，互动学习技能，分工种制作了“小练兵”答题卡，开展了“每天一题、每天一问、每天一练”和“周单项操作对手赛”“月单工种技术擂台赛”“季全站技能演练赛”等活动，实现了“工作学习化、学习工作化”。知道更要做到，学习造就技能。“小练兵，大比武”，全站先后有23人在作业区、采油厂和油田公司的技术比赛中获奖。

强将手下无弱兵，采油站14名员工个个是技术能手。他们人人达到“四懂、三会”的基本功：懂结构、懂性能、懂用途、懂原理，人人会使用操作、人人会维护保养、人人会故障排除。几年来，设备完好率和利用率均达到100%，全站未发生一起人为的设备故障，未发生一起因设备原因影响正常生产的情况，48台各类设备全部达到“红旗设备”的标准。

几年来，从束滨霞身边和束滨霞采油站走出来的有全国技术能手赵奇峰、油田公司技术标兵丁奎敏、厂十佳采油工刘洋等三十多名“知识技能型”技术骨干，其中二十多人当上了站长、队长，成为建设油田的中坚力量。

束滨霞让全站人都成为技术能手，她最大的价值就是影响和带动了大批同事。企业中，影响力有多大，工作价值就有多大。一个人优秀不算优秀，如果能带动身边的人，使整个团队的人都优秀起来，那我们的存在价值就大了。要做到这一点，提升个人影响力是关键。

影响力不是与生俱来，说有就有的，它是逐渐培养起来的。你可以通过以下渠道来培养你的影响力：

1. 提升自己的道德品质

现实生活中经常可以看到这样的现象：某位官员位高权重却没有什么影响力，有的只是权力；而一个平民百姓却可以受人尊敬、受人爱戴，究其原因，道德品质在其中起着非常重要的作用。

道德品质是构成影响力的最重要因素。因此，要提升影响力，必须培养自身高尚的道德品质。

2. 培养良好的心理素质

美国著名心理学家特尔曼曾对800名男性进行了长达30年的追踪研究，并对其中取得成就最大的20％的人和成就最小的20％的人进行比较分析，结果表明：其成就大小的差别并不在于智力水平的高低，而在于心理素质的差异，可见健全的心理素质对人成功的影响。就领导者而言，健康的心理素质对其提升影响力也有重要的意义，它是我们成功的保障。

3. 在人际关系舒展中打造影响力

亚里士多德说："一个生活在社会之外的人，同他人不发生关系的人，不是动物就是神。"影响力是一种对他人的影响和作用力，是在与他人的交往中，在人际关系的互动中产生的。与他人建立真诚美好的关系是影响力的源泉。

4. 提高自己的口语表达能力

口才好的人，话说得令人钦佩，往往也可以使自己的地位提高许多，大家也乐意接受他的建议甚至命令。甚至有些胸无点墨的人，往往因为口才好，而被看做是个有本事的人。笨嘴拙舌的人，往往容易被人遗忘，陷入交际的不利处境。因此，如果你具备一定的能力，又具备良好的口才，能够轻易说服别人理解并执行你的意愿，那你就是个既能说又能干的人，就一定能成为众人瞩目的焦点。

5. 提高自己的情商

影响力的大小与情商有着密切关系，一个具有较高情商的人，他的影响力往往可以得到充分的发挥和施展，从而取得更大的成功。在今天这个凡事都离不开分工合作的时代，情商直接决定了一个人的影响力，情商高的团队成员能够游刃有余地影响自己的同事、周围的人，从而成就自我。

Who Are You Working For?

第四章

修炼成长：拿别人的薪水，学自己的本事

工作是一种“带薪学习”的方式

关注“钱景”不如关注“前景”

干的可能是别人的，但练的是自己的

别让自己成为“经济人”

独立解决问题，才能快速成长

做“蘑菇”，不做“豆芽菜”：挺住才会成长

工作是一种“带薪学习”的方式

有人说，人生真正的学习是从毕业之后开始的，最好的学习就是在工作之中。在工作的过程中，周围的每个人都可能成为我们的老师，这相当于一个边学习边实践的过程，老板还会付给我们薪水和福利，如果表现得好的话，还有加薪升迁的机会，这难道不是一种愉快的带薪学习吗？

可问题是，为什么有那么多的人非但没有愉快的感觉，去享受这个过程，而是患上了职场倦怠症，对自己的工作牢骚满腹，缺乏热情？因为他们仅仅把工作看成是一种等价交换，认为自己付出了劳动，领取到薪水是天经地义的事情，从而忽视了自己在工作中所得到的非金钱方面的收获。

也许你要问，工作既然是一种带薪学习的过程，那我学到了什么？有这样一个标准可以准确地衡量你在一份工作中所学到的东西：当你准备跳槽的时候，在这家公司积累的经验，能否成为你去另外一家公司的资本或者筹码。比如，在制作简历的时候，大多会把自己的工作经历，以及在那里学到的东西罗列出来，这就是你的资本。你在那里表现得越优秀，学到的越多，那么你的价值就越高，而这往往比你的大学毕业证更管用、更受欢迎。

有两个刚毕业的年轻人，小A和小C，他们都很聪明，学习成绩差不多，兴趣爱好都一样，可以说他们两个起点是一样的。

毕业后，他们开始找工作，对于他们来说，有很多机会可供选择，正好，有一家大型的培训公司向他们伸出了“橄榄枝”。

几个月后，他们偶然碰面了。谈起那家公司，小A用一种厌恶的语气说：“那家公司简直是抠门到家，居然只肯给我月薪2000元，谁干啊？我直接拒绝了，现在我在另一家公司上班，每个月2500元。”

小C听了他的话，微笑着说：“我去面试的时候，公司也是提出月薪2000元，但是我接受了这份工作，现在我就在那里上班。”

小A听了很惊讶，他说：“你条件这么好，不愁找不到薪水高的工作，这家公司薪水这么低，你不是吃大亏了吗？”

小C笑了，回答道：“谁不想赚更多的钱？我现在主要是想学点东西，当时面试我的老板给我留下了深刻的印象，我觉得能从他那里学到很多东西，薪水低一点也没什么，从长远来看，我在这里工作比较有前途。”

一年过去了，他们之间的差距显现出来了，小A的月薪还是那些，而小C的月薪已经从最初的2000元涨到了7000元，并且还拥有了公司的股份。

从短期目标来看，工作固然是为了生计，但这只是前进路上保障衣食无忧的基本条件，这种需要最低级，也最容易得到满足。人的最终目标是实现自己的价值，赚钱容易，要想有一番作为却困难得多。

当我们抱着为别人打工的想法时，就会不由自主进入全力应付的模式。作为普通的企业员工，我们一样能使自己走向卓越。关键在于能否改变为别人打工的心态，更看重从工作中获得的个人成长。只有看得到工作中留给自己成长的机会，才能全力以赴为自己工作。

成功人士都具备这样一种认识，他们更加看重自己所做的工作能给自己带来什么成长和机会，而不是去关注能挣多少钱。实现自我、不断突破自我，不纠结于薪水本身，这才是工作的意义和价值所在。

关注“钱景”不如关注“前景”

查尔斯·施瓦布曾经这样说过：“如果一个人对工作缺乏正确的认识，只是为了薪水而工作，很可能既赚不到钱，也得不到成长。”关注“钱景”，更要重视“前景”。在当今时代背景下，钱是人类生存不可或缺的东西。对于员工来讲，挣钱是工作的应有之义，没有钱是万万不能的。但钱如同障目之叶，会挡住视野，阻碍我们的成长。

职业所给予人的薪水仅仅是员工工作报酬的一部分，而且是很少的一部分。除了薪水，职业给予的报酬还有珍贵的经验、良好的训练、才能的表现和品格的建立等无形的成长。这些东西与用金钱表现出来的薪水相比，其价值要高出千万倍。

谁也不想在得过且过、碌碌无为中度过自己的一生，如果想要达到自己希望的高度，就要从现在开始为自己的未来铺路。成功不是一蹴而就的，成长是靠一点点的努力积累起来的。工作是我们获取成功的唯一手段，我们只有在工作中才能不断积累、不断成长。

欧阳研究生毕业后跟其他同学一样面临着严峻的就业形势，每天都奔波在求职的路上。最后，为了生计，他进了一家制造燃油机的企业担任质检员，薪水比普通工人还低。但是他十分珍惜这个机会，每天下班后，欧阳总是最后一个离开，他十分仔细地做完自己的工作，并且在车间里巡视一圈，确认没有问题后才关上大门。

工作半个月后，他发现该公司生产成本高、产品质量差，便不遗余力地说服公司老板推行改革以占领市场。

大家都觉得欧阳很傻，拼死拼活也就拿那么点工资，甚至有个别同事还当面对他说："你让我们感到很难堪。"欧阳很奇怪："为什么？"同事回答："你让老板认为我们不够忙碌，给我们增加了不少工作量。"同事停顿了一下又说："要知道，我们不过是在为别人打工，不值得这么卖命。"

"是的，我是很忙碌，但我愿意，因为我是在为自己的未来工作。"

几个月之后，为自己未来忙碌的欧阳逐渐脱颖而出，他的改革建议使企业的利润增加了好几倍，他的薪水也翻了好几倍，并被提升为副经理。

不错，员工为老板打工，老板必须付给员工报酬，这也是员工价值的一种体现。但是，除了工资之外，工作中还蕴涵着许多对个人有用的知识。这些东西，如果我们在工作时能获得，让自己在获取知识、运用知识中成长，将会使我们受益一生。

一位成功学专家曾经说过，一个人应该永远同时从事两件工作：一件是目前所从事的工作，另一件则是真正想做的工作。如果你能将该做的工作做得和想做的工作一样认真，那么你一定会成功，因为你正在为未来做准备，正在学习一些足以超越目前职位甚至成为老板的技巧。

人们都羡慕那些杰出人士所具有的创造能力、决策能力以及敏锐的洞察力，但他们并非一开始就拥有这种天赋，而是在长期的工作中积累和学习的。在工作中他们学会了了解自我、发现自我、成长自我，这是职业赋予人最珍贵的礼物。

由于工作中存在着比薪水更重要的东西，所以就不要为薪水而工作，不要太多考虑工资，而应该用更多的时间去接受新的知识，培养自己的能力，展现自己的才华。在你未来的资产中，它们的价值将远远超过现在所积累的货币资产。当你从一个新手、一个无知的员工成长为一个熟练的、高效的管理者时，你实际上已经大有收获了。当你拥有了为自己的未来工作的心态时，你就会离自己期望的目标越来越近。工作中每一步台阶都需要相应的知识储备与能力，只有一步一个台阶，扎扎实实练好本领，才能不断应对新的挑战，开拓新的局面。

只有在工作中，关注自己的“前景”，而不是只看重薪水，你才能真正地为自己工作，才能不断升级自己，确保自己在职场角逐中的优势，从而避免在竞争的浪潮中被淘汰出局。抱着为自己的未来而工作的人，会主动升级自己的知识库，也会成为老板眼中的优秀员工。一个人如果能够不断成长，他必能为自己赢得一个光明的前途。

干的可能是别人的，但练的是自己的

无论为谁打工，我们都要记着：“干的都是别人的，练的才是自己的。”在如今这样一个能力为王的时代，无论身处何地，没有足够的能力，永远都只能平庸。这个世界不缺少赚钱的机会，只缺少赚钱的能力。

能力从何而来？从工作中来。工作的时候不要以为我们只是在为老板打工，而更要看重的是我们是在练习自己的本领。“干”是被动的，抱着“干”的心态来工作的人只能平庸；而“练”则是主动的，是为了自己的发展。当我们从“干”的心态转变到“练”的心态时，工作自然就会自动自发，全力以赴。因为你不再认为是为别人而干了，而是为自己的能力、荣誉、地位、现在、未来而干。

在工作中抱着“练”的心态的人，才能在刻意的学习锻炼中，拥有绝对的能力。下面案例中的吉姆就是如此：

一位纽约的百万富翁在回顾自己的成功历程时说，当年，他在一家百货公司的薪水最初只有每周七美元零五十美分，后来一下子就涨到了每年一万美元，而这之间竟然没有任何的过渡，没过多久，他还成了这家百货公司的合伙人。

刚去公司的时候，他和公司签订了五年的工作合约，约定这五年内薪水保持不变。但他暗下决心：绝不满足于这每周七美元零五十美分的低微薪水，绝不能就此不思进取。他一定要让老板知道，他绝不比公司中的任何一个人逊色，他是最优秀的人。

他工作的质量很快引起了周围人的注意。三年后，他已经如鱼得水，游刃有余，以至于另一家公司愿意以三千美元的年薪，聘用他为海外采购员。但他并没有向老板提及此事，在五年的期限结束之前，他甚至从未向他暗示过要终止工作协定，尽管那只是一个口头的约定。也许有很多人会说，不接受如此优厚的条件，他实在是太愚蠢了。但是，在五年的合同到期之后，他所在的公司给予了他每年一万美元的高薪，后来他还成了该公司的合伙人。

百万富翁最初为何愿意为了每周七美元零五十美分留在公司五年之久？秘诀就是“成长”。虽然工资低，但是这份工作带来的个人成长是百万富翁用再多的钱也买不到的。

俗话说，“能给人提供丰厚薪水的工作不一定是好工作，但能给人提供成长的一定是好工作。”工作是企业的，青春是自己的。只有在有限的青春里练就卓越的能力，才能成就卓越的人生。干是被动的，练是主动的、刻意的。如果你认为是给别人干，很多时候就会出现不想干的念头和行为，这样耽误的不仅仅是企业，更是自己。

很多情况下，工作中的付出和得到并不成正比。也许你会说，“我已经做得足够好了，在工作中也学到了很多东西，但我的境况一点也没有变化。”天底下没有白流的汗水，即使暂时没有得到回报，但在工作中积累的经验、提高的能力将成为你的一部分，既不会丢失，也不会被夺走。在人生的某个时刻，这些东西将会助你一臂之力。

还有人会说：“我做的工作都是简单的重复性的工作，很难带来知识的增长和技能的提高。”即使如此，你也提高了修养，培养了敬业精神，而这些在你未来的人生中，都会为你带来收益。没有工作是白干的，也没有汗水是白流的。所以，虽然是为别人打工，到头来获益最多的其实是自己。

别让自己成为“经济人”

亚当·斯密在《国富论》中有这样一段话：“我们每天所需要的食物和饮料，不是出自屠户、酿酒家和面包师的恩惠，而是出于他们自利的打算。我们不说唤起他们利他心的话，而说唤起他们利己心的话；我们不说我们自己需要，而说对他们有好处。”由这段话可引出经济学中的“经济人”理念，即在经济学世界里，千差万别的活生生的人都是经济人：不懈地追求自身利益最大化的人。在它的范围内，人是自利的，每个人做事情都是为了有利于自己。

假如员工把自己看成一个“经济人”，动辄以薪水作为自己行为的标准，认为平日那种看起来“投入”大、“产出”小的事情没有工作激情也就在情理之中了。因为只为薪水工作，一旦薪水达不到你的期望，你就会产生职场倦怠，不知不觉地在工作中放松对自己的要求，工作的结果当然不容易让人满意。而为个人价值工作则不同，即便你对现在的薪水不满意，但是你觉得在工作中能力得到了提升，就会更加地卖力，自然就容易从工作中获得技能和经验。事实上，决定一个人未来发展的恰恰是这些技能和经验，而不是现在可以拿到多少薪水。

“公司不会一脚把你踢进大海，他会给你游泳圈，还会有教练在一旁指导你，让你从不会游到游得很好。”宝洁大中华区市场部、设计部和品牌运营部人力资源经理左佳评价公司的人才培养时说。2006年，刚进公司第二年，左佳就被派到了香港开拓招聘市场。在不长的时间内，她从一个不会说粤语，不懂香港文化，没有独立负责单元经验的新手，成长为管理着100名员工、600多名美容顾问的职业经理人，左佳认为正是这份工作为自己打开了成功之门。

左佳通过工作中的锻炼与学习，实现了个人增值。如果我们也能端正自己的态度，为个人价值工作，而不是仅仅看重金钱，在工作中不断成长自己，那么最终也会由量变引起质变，完成一个大的飞跃。

一个员工若形成了“经济人思维”，那么他的眼中就会被薪水和福利填满，就无法对自己的职业生涯有一个全面的认识和整体规划，自然也看不到工作带来的隐性报酬，比如公司给予你的发展机会，公司为你提供的学习环境，公司对你自身能力的锻造。这些都是远比薪水和福利更重要的东西，因为薪水和福利都是暂时的，而自身能力是持久的，是可以伴随你一生的重要资源。这些员工对工作充满厌烦情绪，越是不愿意干，得到的收获自然就越少，收获越少，工作越没积极性，结果形成了恶性循环。

实际上，薪水只是工作的一种报偿方式，虽然是最直接的一种，也是最短暂的，而精神上的回报却是长久的。工作能够丰富我们的经验，增长我们的智慧，激发我们的潜能，还能为以后的工作打下坚实的基础，这些都是让我们终身受益的财富。

有一位年轻人有机会去采访日本著名的企业家松下幸之助，他做了充分的准备，所以采访进行得非常顺利。采访结束的时候，松下先生问他："年轻人，你一个月的薪水是多少？"

年轻人不好意思地说："薪水不多，一个月才一万日元。"

松下先生却微笑着说："虽然你的薪水只有一万日元，但是事实上并不止这些。"

年轻人疑惑地问："我并没有额外的收入啊？怎么会不止这些呢？"

松下先生说："你想，你今天能争取到采访我的机会，明天也肯定能争取到采访其他名人的机会，这说明你在采访方面有潜力。如果你看重每次机会，努力去完成工作，那么你将积累到更多的经验和才能，这就像是你在银行里存钱，是有利息的，你的才能和经验也会在社会银行里生利息，将来连本带利都会还给你。"

员工每天的工作就像往银行里存钱，而且这个利息也并不是固定的，它的高低取决于员工自身的努力程度。越是努力的员工，得到的利息就会越高。利息越高，员工的工作积极性就会越高，收获也会越大，最终形成一个良性循环。

一个人如果只为薪水而工作，没有更远大的目标，并不是一种好的人生选择，到头来受害最深的不是别人，而是自己。因为，如果我们不能长久地保持积极性，自身的价格恐怕不仅不会升，反而会降。如果我们看重的是价值，注重自己经验的积累，那么我们不仅会换来价格的提升，还会收获更多。所以，我们要认真对待每一项工作，不当薪水的奴隶，而是做自己前途的主人。到最后，我们会发现，不为薪水而工作，我们反而会受益更多。

独立解决问题，才能快速成长

独立性是人们进行创造活动的必要前提，也是脑力劳动的本质特征。凡是有作为的人，都具有极强的独立思考能力。

独立解决问题，才能让自己快速成长。因此，想要快点成为独当一面的员工，你就要尽量独立面对并解决问题。

工作的过程，就是不断发现问题、解决问题的过程。职场中，很多人为了保住工作，只是故步自封、按部就班地做上司吩咐的事情，他们可能认为自己“正在工作”或者“已经工作了”，但实际上，问题却原封不动地留给了别人。我们必须明白的是，问题不可能因为我们的回避而自动消失，最好的办法，就是在工作中勇于面对问题、独立解决问题。

要令自己与众不同，要让上司感到你是一位出色的员工，就要处处表现出你可以独立处理问题、可以为公司找出解决问题的方案，只有这样才能凸显自己的责任感、主动性和独当一面的卓越素质。

当你在工作中遇到问题，如果你不正视它，不设法解决它，它往往会给你带来更大的压力。与其动心思琢磨怎么逃避问题，不如把这种心机和才智运用到如何解决问题上。

有一个叫罗伯特的美国人，想用80美元来周游世界，别人都认为他是在痴心妄想。然而，罗伯特没有理会那些冷嘲热讽，他找出一张纸，写下了用80美元周游世界的各种办法：

（1）设法领到一份可以上船当海员的文件；

（2）去警察局申领无犯罪证明；

（3）考取一个国际驾驶执照，找来一套地图；

（4）与一家大公司签订合同，为其提供所经国家的土壤样品；

（5）同一家胶卷公司签订协议，可以在这家公司的任何一个分公司免费领取胶卷，但要拍摄照片为公司做宣传。

当罗伯特完成上述的准备之后，他就在口袋里装好80美元，兴致勃勃地开始了自己的旅行。结果，他完全实现了自己的梦想。以下是他旅行经历的一些片断：

（1）在加拿大巴芬岛的一个小镇用早餐，他不付分文，条件是为这家餐馆拍照并承诺在旅行中宣传；

（2）在爱尔兰，花5美元买了4箱香烟，从巴黎到维也纳，费用是送司机一箱香烟；

（3）从维也纳到瑞士，由于他搭乘货车的司机在半途得了急病，已经拥有国际驾驶执照的他将司机送到了医院，并将货物安全送到了目的地，货运公司非常感激他，专门派车将他送到了瑞士，这当然是免费的；

（4）在西班牙一家新开张的公司门口，该公司用来拍摄庆祝画面的照相机出了故障，于是罗伯特免费为他们拍摄了照片，而他们则送给罗伯特一张到达意大利的飞机票；

（5）在泰国，由于提供了一份美国人最近旅游习惯的资料，他在一家高档的宾馆享受了一顿丰盛的晚餐……

罗伯特亲身制造的传奇，足够让我们瞠目结舌了，他的勇气和智慧更值得我们喝彩！同样道理，在职场上，我们也有这样的潜质，我们也能创造出同样的传奇，只要我们有足够的信心，有积极的行动。这样，我们独立解决问题的能力就能得到充分发挥，我们的头脑里也会冒出各种各样的办法。

培养独立解决问题的能力是许多教育家、科学家所高度重视的。陶行知在一首打油诗中说："我有几位好朋友，曾把万事指导我。你若想问其姓名，名字不同都姓何：何事、何故、何人、何如、何时、何地、何去，好像弟弟与哥哥。还有一个西洋派，姓名颠倒叫几何。若向八贤常请教，虽是笨人不会错。"爱因斯坦则鲜明地表示，学校的目标应当是培养有独立行动和独立思考能力的个人："发展独立思考和独立判断的一般能力，应当始终放在首位。"

西方古谚云：世上有5％的人主动思考，5％的人自认为在思考，5％的人被迫进行思考，而其余的人一生都讨厌思考。这在某种程度上揭示了能进行主动、自由的思考并不容易，那么我们怎样做才能让自己拥有独立思考并解决问题的能力呢？

人的成长是一个逐步提高的过程，只要你能够战胜畏惧，并下决心去努力，你就能越来越多地找到解决问题的方法。开动你的脑筋想办法吧，别让你的智力机器生锈！

做“蘑菇”，不做“豆芽菜”：挺住才会成长

豆芽生长的速度之快，令人叹为观止，短短一夜之间，竟能抽长六七厘米，且外表看起来既壮硕又饱满。然而，豆芽的质地却异常脆弱，稍遇外力便应声断裂。豆芽之所以能够在短期内抽高，并非内里坚实，实为充斥大量水分，这种现象被称为“豆芽现象”。

在职场中，与“豆芽现象”相对的是“豆芽员工”，它是指这样一类员工，他们初学一项专业，在大致能掌握专业的“形”时，便急于转进其他领域，却同样只学到“形”就急于转换。表面上看来学了很多，实际上都只学到该行业的“常识”，真正要用时便不堪一击。

李默研究生毕业后来到了一家大企业，踌躇满志的他本想大展拳脚，可他到新单位工作近一年来，除了接电话、开会、收发传真等基本工作外，没有得到任何展示自己的机会，这和他想做一个职业经理人的想法相差甚远，于是他总是觉得自己的能力没有办法发挥出来。

李默认为，部门里很多同事不过是本科生，论学历才华根本比不过自己。急于表现自己的李默，三番五次主动请缨向老板申请任务。于是，老板就给了李默一项大任务，让他去开发西部市场，说是给他一个大任务，其实就是想给李默一个教训。老板在派李默去的同时，还暗暗安排了一位得力的王经理从旁观察。

果然不出老板所料，由于李默没有任何市场开拓的经验，在西部开拓过程

中屡屡碰壁，不仅没有取得任何成效，而且自信心也大大受挫。还好有多年市场经验的王经理及时出现并顺利地展开了工作，才使得西部开发工作能够稳步推进。有了这次的经历以后，李默意识到了自己能力上的不足，再也不好高骛远了，而是静下心来努力向身边的老同事和上司好好学习。

李默的案例就是典型的职场“豆芽现象”。成功在久不在速，只有扎扎实实地成长，才经得起考验。

与“豆芽员工”相对的是“蘑菇员工”，“蘑菇员工”是指这样一类人，他们刚入职场的处境很像蘑菇：被置于阴暗的角落（不受重视的部门，或做着打杂跑腿的工作），浇上一头大粪（无端的批评、指责、代人受过），任其自生自灭（得不到必要的指导和提携）。

相信很多职场人都会有一段“蘑菇”经历，但不一定是什么坏事，当“蘑菇”是有自知之明，是为了我们尽快成熟起来。

齐飞刚进华为的时候，公司正提倡“博士下乡，下到生产一线去实习、去锻炼”。实习结束后，领导安排他从事电磁元件的工作。堂堂的电力电子专业博士理应做一些大项目，不想却坐了冷板凳，齐飞实在有些想不通。

想法归想法，工作还要进行。就在齐飞接手电磁元件工作后不久，公司出现电源产品不稳定的现象，致使许多系统瘫痪，给客户和公司造成了巨大损失，受此影响公司丢失了5000万以上的订单。在这种严峻的形势下，研发部领导把解决该电磁元件问题故障的重任，交给了刚进公司不到三个月的齐飞。

在工程部领导和同事的支持与帮助下，齐飞经过多次反复实验，逐渐清晰了设计思路。又经过60天的日夜奋战，齐飞硬是把电磁元件这块硬骨头啃下来了，使该电磁元件的市场故障率从18%降为零，而且每年节约成本110万元。现在，公司所有的电源系统都采用这种电磁元件，时过近两年，再未出现任何故障。

在这之后，齐飞又在基层实践中主动、自觉地优化设计和改进了主变压器，使每个变压器的成本由原来的750元降为350元，每年为公司节约成本250万元，并为公司的产品战略决策提供了依据。

小小的电磁元件这件事对齐飞的触动特别大，他不无感慨地说道："貌似渺小的电磁元件，大家没有去重视，结果我这样起初'气吞山河'似的'英雄'在其面前也屡次受挫、饱受煎熬，坐了两个月冷板凳之后，才将这件小事搞透。现在看起来，之所以出现故障，不就是因为绕线太细、匝数太多了吗？把绕线加粗、匝数减少不就行了？而我们往往一开始就只想干大事，却看不起小事，结果是小事不愿干，大事也干不好，最后只能是大家在这些小事面前束手无策、慌了手脚。

当年苏联的载人航天飞机在太空爆炸，不就是因为将一行程序里的一个小数点错写成逗号而造成的吗？电磁元件虽小，里面却有大学问。更为重要的是它是我们电源产品的核心部件，其作用举足轻重，非得要潜下心、冷静下来，否则不可能将貌似小小的电磁元件弄透、搞明白。做大事，必先从小事做起，先坐冷板凳，否则，在我们成长与发展的道路上就要做夹生饭。现在看来，当初领导让我做小事、坐冷板凳是对的，而自己又能够坚持下来也是对的。有许多研究学术的、搞创作的人，吃亏在耐不住寂寞，总是怕别人忘记了他。由于耐不住寂寞，就不能深入地做学问，不能勤学苦练。他们不知道耐得住寂寞，才能不寂寞；耐不住寂寞，偏偏寂寞。"

齐飞的这段话适合于各行各业和各类人员，凡想获得成功的人，都应该先学会耐得住"蘑菇"时期的寂寞，先学会坐冷板凳，先学会做小事，然后才能做大事，才能取得更大的业绩。

实际上，研究成功人士的经历就会发现：他们并不是一开始就"高人一等”、风光十足的，他们也曾有过艰难曲折的“爬行”经历，然而他们却能够端正心态、沉下心来，不妄自菲薄，不怨天尤人。他们能够忍受“低微卑贱”的经历，并在低微中养精蓄锐、奋发图强，而后他们才攀上人生的巅峰，享受世人的尊崇。试想，若不是当年的“低人一等”，哪里会有后来的“高人一等”呢？

职场中，常见一些员工喜欢在办公室里大谈人生理想、伟大抱负。这显然很滑稽，工作场合就应该安心工作。在工作中，不好好工作而空谈理想，很容易被人看成是好高骛远的表现，惹人反感。高标立世必须以低处修身为基点，这好比弹簧，压得越低弹得越高，只有安于低调、乐于低调，在“埋头”中蓄养势力，才能获取更大的发展。只有埋头努力，不断提升自己，才能为自己赢得更广阔的发展空间。

对于大多数人来说，刚参加工作时必须消除不现实的幻想，我们应该认识到，没有任何工作是卑微并且不需要辛勤努力的。年轻人应该磨去棱角，适应社会，不断充电，提升能力，无论多么优秀的人才，步入社会时都只能从最简单的事情做起。一个人，只有放下架子，埋头干活，打牢根基，才能在日后有所作为。

Who Are You Working For?

第五章

把工作当“作品”而非“作业”

用感恩的心驱逐抱怨的心魔

工作不做“在野党”，把敬业当本分

比别人做得更多、更彻底

质量无小事：用显微镜看产品

把每一件事做到极致

不断质疑是完善工作的前提

用感恩的心驱逐抱怨的心魔

有一个寺院的住持给寺院立了一条规矩：每年年底，寺院里的和尚都要对住持说两个字。第一年年底，住持问和尚最想说的是什么，和尚说：“床硬。”第二年年底，住持又问和尚最想说什么，和尚说：“食劣。”到了第三年年底，还没等住持提问，和尚就说：“告辞。”住持望着和尚离去的背影摇头道：“心中有魔，难成正果，可惜可惜。”

这个和尚心中的“魔”在于他只知享用，不知感恩。三年来，他一味地抱怨寺院的生活条件，却不知道对每天提供给他食宿的寺院心存感激，这是一个没有感恩之心的和尚。

职场有一些人就像这个和尚一样，对发给他工资的企业和老板没有任何感恩之心，对提供给他帮助的同事没有任何回馈之意，认为是理所当然、天经地义，进而心安理得地接受，不知感恩。

不知感恩是一种严重的职业癌症，会严重阻碍职业发展，甚至能把你毁灭掉。得了这种病的患者的症状是：不是千方百计想办法战胜困难，而是先指责、埋怨一番；不是反思一下自己，生存在这个世界上，享受着大自然赐予的阳光雨露，享受着公司给予他们的发展平台，却总是一味贪婪地索取。

他们抱怨公司不给自己升职的机会，抱怨工作的单调，抱怨任务中的挫败；长久以来，他们总是在渴求财富、荣耀、地位，却忽略了自己已经拥有的一切。他们更没有想过，自己应该为这一切付出什么？总想着是别人欠自己、公司欠自己，不知奉献，只知索取。这种人以自我为圆心，以自利为半径，凡事只想自己的一己私利。这种人私利得不到满足，轻则郁郁寡欢，死气沉沉，重则牢骚满腹，怨天尤人，甚至指桑骂槐，暴跳如雷。他们知恩不报，何谈感恩。

在一次某企业的招聘中有两个年轻人脱颖而出，最后主考官单独约见了他们，问了他们同一个问题：“你觉得以前你工作的那个公司怎么样？”

一个面试者抱怨说：“糟透了，同事像一群吵闹的母鸡，主管简直就是一头号叫的驴子！真难以想象我在那里是怎么度过了两年的！”

另外一个面试者却说：“虽然我原来工作的是一家很小的公司，管理也不是很规范，不过在我工作的那段时间里，学到了不少的东西。正因如此，我现在才有勇气坐在这里。我很感激原来工作的公司。”

最后被录取的，毫无疑问，当然是后者！

不知感恩，缺乏感恩心，会导致一个人的职场情感变得麻木，对人对事缺乏热情与认真，工作、生活懈怠，渐渐蜕化成冷漠无情的动物。不懂感恩的人，他们的存在价值会大打折扣。一个贪婪、矫情、缺乏爱心、缺乏责任、缺乏工作热情的人会是有前途的人吗？又有哪一家公司会给这样的人发展机会呢？不懂得感恩的员工就不值得领导提携，就不值得老板重用。一个不懂感恩的人，注定只会成为公司的匆匆过客。

我们或许有时会感叹自己的工作平淡无味，有时会觉得自己的工作琐碎繁重，有时会气馁于工作上的某种失败，但其实只要我们用一种感恩的眼光去看待工作，就会发现公司给我们提供了启迪思想和产生智慧的场所、锻炼能力和增长才干的机遇。

《圣经》上说：“一生一世，都是恩惠。”我们应该把拥有的一切看成是

“天上掉的馅饼”，没有一个成绩斐然的员工不深爱自己的工作，没有一个连连升职的员工不珍视现在的工作，一个能成大事的人是一个充满感恩之心的人。

感恩是会传染的，老板也同样会以具体的方式来表达他的谢意，感谢你所提供的服务。感恩是情感的自然流露，它会增强你的个人魅力，让你拥有神奇的力量，使你在职场中出类拔萃。

从现在开始，每天抽出一点时间，为自己目前所拥有的一切而感恩，为自己的工作而感谢上司，真诚地为身边的每一个人祝福。试着给老板发一个信息，告诉他你是多么热爱自己的工作，多么感谢工作中获得的机会。

工作不做“在野党”，把敬业当本分

在职场上，很多员工喜欢负面思考。面对公司、面对老板总是对立、总想批判，想从公司的口袋中得到更多，稍不顺心，对公司就恶言相向。这样的员工被统称为职场中的“在野党”，也可以称之为“在其位不谋其政”。他们缺乏敬业精神，没有把敬业当成自己的本分，还得意扬扬地每个月拿着公司发给的薪水。

实际上，“在野党”伤害更多的是自己，而不是公司。因为公司有制度体系、有核心力量、有积极参与的员工在撑着。而“在野党”的负面思维、消极态度、不当的言行首先让自己在上司和同事心目中树立起负面形象，进入核心层已不可能，断送了自己在公司的前途。

文彭刚工作的时候，有个同事很喜欢批评公司，当时文彭年轻气盛，刚从校园走出来，正踌躇满志，对这种批判百思不解，他很想问：这么不满意，为什么不辞职呢？

很多年后，文彭明白了组织里永远有异议分子，总有在组织内受挫折的不满分子，他们永远用负面的角度来看问题，因此公司会被他们说得一无是处。

其实，公司是我们工作的地方，批判我们所服务的公司，不就等于也批判了自己吗？工作中，当你和公司站在同一立场，能够以对待事业的态度来对待你的工作，并把它当成使命的时候，你就能发掘出自己特有的潜力，从中感受到自己的价值。

把敬业当成自己本分的员工不仅仅是为了挣到自己应得的工资，也不仅仅是为了博取老板的欢心，而是为了自己更光明的前程。

他只是一个普通的初中毕业生，却主持编写了国内第一本港口桥吊作业手册，被专业院校列为教材；他只是一个普通工人，却成了闻名航运界的“桥吊专家”；他只是一个普通的作业队队长，却带领工友创造了集装箱作业的世界纪录。

他是青岛港前湾集装箱码头有限责任公司固机部经理许振超。从事港口装卸工作30年，刻苦钻研，带领工人先后8次刷新集装箱装卸世界纪录，“10小时保班”服务品牌享誉世界航运市场，“振超效率”名扬四海。

而且“振超效率”，也取得了十分可观的新的“振超效益”，比如：桥吊小车牵引钢丝绳更换“一瞄准”，桥吊编码器“一移准”，发动机运行零故障，电气活地图，设备一般电气故障15分钟排除，5小时桥吊起升钢丝更换，3小时胎吊起升钢丝更换，故障维修零返修等等。2007年以来，振超团队连续6次打破世界集装箱装卸生产纪录，“振超效率”也刷新了铁矿石卸船的世界纪录。

于是“振超效率”产生了巨大的名牌效应，青岛港的知名度越来越高，队里新毕业的大学生越来越多，许振超让他们从擦桥梯、注润滑油、换钢丝这些桥吊工作中最苦最累的活儿干起，要求非常严格。个别大学生想不通，觉得受了委屈，工作敷衍，情绪低落，许振超发现后二话没说，登上70多米的桥吊自己动手干了起来。他用自己的实际行动，诠释了一名“金牌工人”的内涵，感染和带动着周围的同事。

如果我们像许振超一样，将职业看成自己的事业，并不断地投入自己的智慧和热情，它所带来的荣誉感和使命感会立即将我们工作中的不如意一扫而空，我们也能更多地从工作中感受到自己的价值。

在竞争激烈的今天，员工的敬业精神关系着一个企业的生死存亡。员工具备了敬业精神，才能全身心地去工作，拿出好的产品和业绩，为公司创造更多的利润，而自己也会从中得到精神和物质上的双重满足。

因此，在工作中，我们要做敬业的员工，而不是三天打鱼两天晒网的“在野党”。只要还在公司任职一天，我们就应当与公司的政策保持一致，成为最重要而且认同公司的工作者，这样在公司中才会拥有最好的工作气氛与工作成就感。

比别人做得更多、更彻底

职场上没有永远的红人。一名优秀的员工，不仅会像自己的老板那样敬业工作、尽职尽责，以老板的心态对待自己的工作，还能沉得住气，比别人做得更多、更彻底。

身在职场，每一位员工都应牢记一句俗语：“对未来的真正慷慨在于向现在献出一切。”如果你能成功地选择工作态度，那么幸福就会找到你。“马无夜草不肥，人无勤劳不富”，所以在工作中，你只有比别人做得更多、更彻底，才能够在职场的“秋天”收获丰硕的果实。

大学毕业生张吉和杜明同时被招聘到某物流公司。张吉按部就班，认认真真地完成经理交办的每项工作，没出什么差错，他自己也比较满意。杜明却没有自我满足，在工作中，他不断地学习运输行业的有关知识，很快提高了自己解决问题的能力。在对客户的分析中，他发现华北地区的货物运输常有滞期现象，经分析发现多是由于修路原因造成。

于是，他通过电脑交通网络，对北京周边地区各交通干线的路况进行了一系列的调查摸底，每天列出一份动态的路况交通图送给经理参阅。就是这份动态的路况图，对公司的货物运输起了重要的作用，不但缩短了有效运输时间，而且减少了因堵车、绕行而产生的运输费用，受到公司领导的重视和奖励。当然，3个月后，公司继续聘用的是善于不断进步、能力不断提高的杜明。

老板永远不会欣赏那些“按钮式”的员工，他们需要有职场野心，能够主动晋升的员工。要想取得成功，还需要奋力拼搏，必须比别人做得更多、更好，从而赢得更大的提升空间。

工作中，成功的人永远比一般人做得更好、更彻底。他们经常会留神一些额外的责任，关注一些本职工作以外的事情，他们的行为总是超越老板的期望，并始终是老板眼中最优秀的员工。

Google前全球总裁李开复在攻读博士学位时，通过自己的努力，把语音识别系统的识别率从以前的40%提高到了80%，学术界对他的工作给予了充分的肯定。当时，他的老师认为，只要把已有的结果加工好，写好论文，几个月之内他就可以拿到博士学位了。

但是，李开复很清楚，第一步的成功给他提供的只是一个机遇，而不是一个答案，因为80%的识别率虽然已经很优秀，但绝不是最后的最佳结果，因为他用的方法只是冰山一角。而且，他已经公开发表了研究成果，每一个研究机构都会学习、使用他的方法。所以，如果李开复当时放松下来，不再做实验，埋头写论文以求尽快毕业的话，别的学校或公司很快就会超过他。

然而，李开复不但没有放松，反而更加抓紧时间研究攻关，甚至为此推迟了他的论文答辩时间。那时候，他每周要工作七天，每天工作16个小时。这些努力没有白费，它们让李开复的语音识别系统百尺竿头更进一步，识别率从80%提高到了96%。在李开复毕业之后，这个系统多年蝉联全美语音识别系统评比的冠军。

如果李开复当时在80%的水平上止步不前，骄傲自满，而不去做更多更彻底的努力的话，他就不能取得辉煌的成果。

西谚有云："工作中的傻子永远比睡在床上的聪明人强。"成功的机会总是属于那些沉得住气、主动提升自我的人。当你能提供更多更有价值的服务的时候，成功也会伴随而来。任何一个老板都在寻找这样能够不断升值的员工，只有这样的员工才能为企业发展提供源源不断的动力。

比别人做得更多、更彻底，体现了一种居安思危的发展眼光，它可以让人摆脱安逸生活的羁绊，正如鲁迅先生所说的："不满是向上的车轮。"

质量无小事：用显微镜看产品

质量管理大师克劳斯说：“如果你将良品率预定为85％，那便是表示容许有15％的错误存在。”这样，你肯定不能提高产品的质量。对于企业来说，这是一个以1%、2%决胜负的商业时代，细节不是小事，因为一个细节就可以左右企业的成败。对于任何一个小小的失误，我们都要将它视为大问题，并尽快将其化解掉。只有将1%的失误化解掉，才能保证执行到位的完美结果。

质量无小事，每个人所做的工作、企业所售出的产品都是由一件件小事构成的。世间最睿智的国王所罗门说过：万事皆因小事起。在工作中，不能因为是小事就敷衍应付，轻视责任。可能由于你在工作中的一个疏忽，到了客户那里就会变成大问题和大麻烦，轻则会令企业形象受损，重则会给企业带来灭顶之灾。

浙江某地用于出口的冻虾仁被欧洲一些商家退了货，并且要求索赔。原因是欧洲当地检验部门从1000吨出口冻虾中查出了0.2克氯霉素，即氯霉素的含量占被检货品总量的50亿分之一。经过调查，问题出在加工环节上。原来，剥虾仁要靠手工，一些员工因为手痒难耐，用含氯霉素的消毒水止痒，结果将氯霉素带入了冻虾仁。

这起事件引起不少业内人士的关注：一则认为这是质量壁垒，50亿分之一的含量已经细微到极致了，也不一定会影响人体，只是欧洲国家对农产品的质量要求太苛刻了；二则认为是素质壁垒，主要是国内农业企业员工的素质不高造成的；三则认为这是技术壁垒，当地冻虾仁加工企业和政府有关质检部门的安全检测技术，落后于国际市场对食品质量的要求，根本测不出这么细微的有害物。

然而无论人们如何评判这次事件，我们都可以从中吸取这样一条经验教训：只要是错误，无论多么细小，都可能造成重大的损失。

任何小的疏忽都会造成客户的不满，甚至可能产生十分严重的后果。一位企业经营者说："如今的消费者是拿着'显微镜'来审视每一件产品和提供产品的企业。在残酷的市场竞争中，能够获得较宽松生存空间的企业，不是'合格'的企业，也不是'优秀'的企业，而是'非常优秀'的企业。自己要求自己的标准，必须远远高于市场对你的要求标准，你才可能被市场认可。"

一个地方媒体报道了这样一个事件：

某货站给客户发运一批货物，承诺在2010年11月6日送到，但是直到2011年3月15日收件人始终没有收到货物。不得已，客户在"3·15"消费者权益日，在媒体刊登了一篇《百日物流何处在》的文章，文章一经刊登受到不少业内人士的关注，同时也引起了邮政速递物流企业的重视。

物流方给出的解释是货物运递时间过长与冬季冰雪天气道路阻断、交通管制等客观原因有关，由于物流货物大多要经过汽车、火车等多种运输工具"联合运输"才能完成一个完整的作业流程，货物发运过程中的各环节不衔接、作业流程不顺畅造成货物延误难以查询。

工作中一个小小的疏忽和失误，就会造成产品和服务上的缺陷，每一个缺陷都会影响企业在顾客心目中的形象和地位，给企业带来难以估量的损失，令一个品牌毁于一旦。

质量重于一切。任何产品和服务只有质量合格，得到顾客的认可才有可能在市场上站稳脚跟。在企业都高喊各种动听服务口号之时，在企业都在挖空心思提高服务项目标准时，谁能够将质量落实到位、做得更好，才是制胜的关键。

对于企业中的每一个人来说，质量就是我们的责任，也是公司不断取得进步的平台。只有将质量放在第一位，把顾客的事情当成自己的事情，用做大事的态度和心态去认真负责地落实好工作中的每一件小事，尽可能避免小疏忽，仔细把每一项责任都落实到位，才能取得顾客的信任，做出更多的成绩。

把每一件事做到极致

2009年，在一次战略沟通会上，李彦宏通过网上直播再次向全体百度人重申：“我们做事必须有领导者的心态，要做到best of the best，把每件事做到极致，做得比别人都更好——不是好一点儿，而是好很多。”

“闪电计划”是百度将事情做到极致的一个典范。2001年底的中国互联网正经历泡沫破灭的阵痛，当时还只是搜索引擎服务提供商的百度也面临客户拖延付款的财务困境。李彦宏思考良久，决定发动“闪电计划”，他以平静的口吻告诉工程师们：“我们这个小组要在短时间里全面提升技术指标，特别是在一些中文搜索的关键指标上要超越市场第一名的竞争对手。”

那时，百度与市场第一名的规模相差几十倍，而当时百度产品技术团队只有15个人，要做出对手800个人做出的产品，这样的超越谈何容易？工程师们唯有日夜无休地开发程序，闭关苦修。

在最困难的时刻，李彦宏为大伙打气：“我们必须做出最好的中文搜索引擎，才能活下去，而且活得比谁都好。你们现在很恨我，但将来你们一定会爱我。”

正是这次只有15个人参与的闪电行动，用了9个月时间，抢占了用户体验的制高点，一举奠定百度在中文搜索领域的龙头地位，从此，百度的市场占有率节节攀升，路越走越宽。

事实上，每当百度公司有部门在汇报项目进展时说“我们这个产品比上一个版本好了多少多少……”的时候，李彦宏总是要问一句：“你这个产品做的是不是比市场上所有的竞争产品都要好，而且明显的好？”李彦宏的言下之意，就是你有没有把事情做到极致。

把事情做到极致，就是将一件工作的结果做到无限接近性价比最高的那个点。只要将一件事情做到极致，就会有成功的惊喜等着你。

被誉为全美最杰出大学篮球教练员的约翰·伍登说：“成功，就是知道自己已经倾注全力，达到自己能够达到的最极致的境界。”对于优秀的人来说，成功并非最终的结果，而在于追求卓越的过程。一个永远用最严苛标准要求自己的人才是最优秀的，也才是最让人放心的。

2011福布斯全球富豪排行榜榜单中，苏州波司登总裁高德康以17亿美元列全球富豪榜第736位，内地第44位（2010年身家12亿美元，列全球第828位、内地第73位）。

作为波司登集团的掌门人，高德康立意于把羽绒服做到极致，同时用具有鲜明个性的众多品牌去满足大众细分的需求。高德康的未来设想是，将继续收购一批国内、国外的优秀品牌及其优秀团队充实到波司登旗下，集团将拥有一系列由男装、女装和童装组成的品牌群体。

从一个乡间小裁缝到身家过百亿的上市公司董事局主席，高德康用了30多年时间。他常说：“努力只能做对，用心才能做好；努力加用心肯定做得更好。”

如今，支撑高德康的依然是他坚守了三十年的创业理念：“一个正确的方向，一个简单的做法，不断地坚持、深化，你就会成功。”

高德康之所以能在市场竞争激烈的浪潮中脱颖而出，是因为他将羽绒服做到了极致。如果能保持把事情做到极致的心态，那么眼中就永远没有极致的状态，自然而然就会想尽各种方法，去努力把一件事做到更好。工作中，每次都做到极致，每次都比上一次高出一小步，就是对自己能力的提升，也是对自己经验的累积。

美国总统麦金莱在得克萨斯州的一所学校演讲时，对学生们说：“比其他事情更重要的是，你们需要尽最大努力把一件事情做得尽可能完美。”真正优秀的人总会将事情做到极致，在每一次的极致中提升自己的能力。

在面对一件工作的时候，我们要做到极致比较简单，但是，在有限的时间里，如果你手头有十件工作，如何才能把每一件都做到极限呢？

如果你把时间用在一件事情上，即使这一件事做到了满分，其他的九件也依然是0分。就像考试，就算有一门满分，如果其他几门分数低，总分一样会下跌。所以，在工作中，我们要在追求极致的同时，树立大局观，将自己完成工作的总体效果达到极致，这就需要与员工能够合理分清这些工作的主次级别，将时间和精力最合理地分配在不同的任务上，使最终的工作结果达到性价比最高的那个点。

不断质疑是完善工作的前提

很多人都满足于自己的工作现状，习惯于按照上司的安排埋首工作，不想学习，也不对自己的工作进行客观的评价和适时的改进，认为自己按照上司的指令，尽职尽责地努力工作了，即使出现了失误和漏洞，也不关自己的事。其实，这是一种是对公司极不负责任的行为，时间长了，这种行为就会使人产生惰性，失去创造的活力和新颖的思想，阻碍个人卓越的道路。

在乔布斯珍贵的CD收藏中，有一张是自制的专辑，里面是披头士乐队的《永远的草莓地》，它成了印证乔布斯追求完美哲学的一组华彩乐章。乔布斯向沃尔特·艾森克森描述了这张CD带给他的感悟：

这是一首复杂的歌曲。最有趣的是看到整个创意的过程，他们反复地修改，直到几个月后，才创作出最满意的作品，列侬一直是我最喜欢的披头士成员……

他们在每两次录音的中间都会做很多工作。他们不断地倒回、修改，直到接近完美。在苹果公司，我们也经常用这种方法对待我们的产品。即使已经做出了新的笔记本电脑或ipod的样机，我们也会从某一个版本出发，不断地改进，包括设计细节、按键，或者是功能操作。这需要大量的工作，但是最终产品会变得更好。很快，人们就会说："哇，他们是怎么做到的？有什么绝招？"

他们的绝招就是不断地质疑与完善。质疑自己的工作是完善工作的前提条件，只有对工作持有认真负责态度的员工，不断质疑和改进自己的工作，才能将自己的产品做到完美。

你是否能够将自己的工作当成一部“作品”，这完全取决于你自己。如果你仅仅满足于现在的表现，凡事都做到“差不多”或者“将就”的程度，那你在公司永远都不能做到更好，因为你根本就没有进步的念头。

他出生在美国圣地亚哥一个贫民家庭，父母没有固定工作。迫于生计，他高中时辍学，给一家餐馆洗盘子。每天下午4点上班，常常工作到翌日凌晨。后来他又到一家停车场去洗车，不多久，又换到一家洗洁管理公司工作。如此不间断地更换工作，让他总忍不住会想：“难道我一辈子只会洗东西吗？”他开始尝试改变自己的生活——每天辛勤的体力劳动之后，他都会用5个小时的时间来学习。

30岁那年的一个晚上，他怎么也无法入睡，他质问自己：“为什么我这么努力，却还是住在便宜的公寓中，不能成功？”从此，他认真思考成功的方法。通过观察同一家公司的顶尖业务高手，他开始学习他们拜访客户以及如何进行管理。之后，他开始对自己进行有序的调整，并制订了一系列新的工作规划。不久，他的业务水平开始迅速提升，很快赚到了数倍于以前的收入。这样过了十年，他也成长为一名业务出色的业务员。他为很多的老板赚取了百万财富，也为自己赚取了巨额财富。

在他的人生事业一片光明的时候，他又开始不断质问自己——这就是我想要的生活吗？他突然放弃了这项事业，转去做演说家和作家。凭着自己的执著与智慧，以及对成功的特殊理解和对成功规律的准确把握，很快，他就成长为在国际上光芒四射的演说家和潜能激励大师。他开始不断出版专著，四处演说。

二十多年来，他曾经在40多个国家成功举行了演讲，他曾经是比尔·盖茨的业务导师，他出版的多部成功学著作畅销全球。

他就是当今世界上最知名的心灵导师——博恩·崔西。

博恩·崔西的优秀之处，就在于他对成功的不懈追求，对现状的不断质疑和改进，无论是他在个人的人生道路上，还是在一个工作岗位上都是如此。

质疑自己的工作是完善自己工作的前提。作为一名企业的员工，一个追求高效能的人，敢于质疑自己的工作，自觉修正自己，从而在工作中不断培养出自己的创新能力，并取得骄人的业绩，这需要我们做到：

1. 有质疑的胆量和勇气

质疑需要勇气和胆量。那是因为，质疑的对象往往和权威联系在一起。我们很多人在工作和生活中，都会碰到权威。行业中的领头人、单位的领导乃至高级官员，都可能是权威的代表。有时候，质疑会不经意地挑战权威；有时候，质疑的对象可能直接是权威。如果你真是为了追求真理、追求正义，质疑权威就不可怕了。

2. 超越期望

当公司赋予你一项重任时，一定要做到超越公司的期望，以更高的规格要求自己，能完成100%，就绝不只做99%，尽可能地把工作做得比别人更快、更准确、更完美，动用你的全部智慧。对于员工来说，追求高效能，以最高的标准要求自己，在工作的时候，就意味着做到让客户百分百满意，让客户感受到超值的服务。这需要你不要做到适可而止，一定要做到永不懈怠。

Who Are You Working For?

第六章

立即执行：拖延比做错更可怕

分蛋糕博弈：别让犹豫耗费你的时间

马上就办：速度就是执行力

停下来！别让借口消耗我们的行动力

去干，去试，不拖延

给自己施压：规定时间下限

分蛋糕博弈：别让犹豫耗费你的时间

博弈论中有个“分蛋糕博弈”模型，假设有两个人在分一块蛋糕，两人都会希望可以分配得公平合理。实际上，不论二人讨论出怎样的办法，当分蛋糕博弈成为一个动态博弈时，讨价还价就意味着时间的流失，分蛋糕不是一次性的，而是多回合的，而且出现成本降低：蛋糕在融化。其基本含义就是当我们在谋划如何获得最大利益的时候，收益有可能在不断缩水。

“机不可失，时不再来”，这是任何人都明白的道理，但是你是否也有这样的经历：面对机会总是犹豫不决，想着多考虑、多分析，为了下一个准确的判断，你迟迟地下不了决定。好不容易做了决定之后，又时常更改……到最后，可能决定有了，可是执行的时机已过，过去的犹豫、努力都成了白费。

兄弟二人前去打猎，在路上遇到了一只离群的大雁，于是二人同时拉弓搭箭，准备射雁。这时哥哥突然说道：“把雁射下来后就煮着吃。”弟弟表示反对，争辩说：“家鹅煮着吃好，雁还是烤着吃好。”两个人争来争去，一直没有达成一致的意见。来了一个打柴的村夫，听完他们的争论后笑着说：“这个很好办，一半拿来蒸，一半拿来煮，就行了。”兄弟二人停止了争吵，再次拉弓搭箭，可是大雁早已没了踪影。

我们为兄弟二人的行为而捧腹时，也会发现：在他们看到大雁时，如果及时射箭就会得到雁，在他们拖延一小会儿后，雁已经飞走了。

犹豫不决的人总是喜欢先想到失败的结果，他们不敢作决定，害怕承担因此产生的责任。他们无法确定事情的结果，或好，或坏，或者有什么意外。他们害怕明天会为自己今天的决定后悔，因为明天可能会发生更美好的事情。他们怀疑自己有做大事的能力，长此以往，原本很多美妙的想法消失殆尽，成功也就离他们越来越远了。

好的机会往往稍纵即逝，犹如昙花一现。如果当时不善加利用，错过之后就后悔莫及。现实中的人都能下决心做大事，但是，只有一部分人能够贯彻执行，也只有这部分人是最后的成功者。

1973年，美国有个叫科莱特的青年考入哈佛大学，经常和他坐在一起听课的是一个18岁的男孩。大学二年级的时候，这个男孩建议科莱特和他一起退学，去开发32Bit财务软件，因为新编教科书中，已解决了进位制路径转换的问题。这个建议让科莱特感到非常惊讶。他是一个非常严肃的人，他认为自己是来这里求学的，不是来闹着玩的。更何况，Bit系统默尔斯博士才教了一点皮毛，要开发32Bit财务软件，不学完大学的全部课程是不可能的。他委婉地拒绝了那个男孩的邀请。

10年后，科莱特成了哈佛大学计算机系的博士研究生，那个退学的男孩进入美国《福布斯》杂志亿万富豪排行榜。1992年，科莱特继续攻读，拿到博士学位，那个退学男孩成为美国第二富豪。1995年，科莱特认为自己已具备了足够的学识，可以研究和开发32Bit财务软件了，而那个男孩已经开发出比Bit快1500倍的Eip财务软件，并在这一年成为世界首富，那个男孩就是比尔·盖茨。

面对机遇，科莱特用知识不够这个理由拖延了成功，而比尔·盖茨因为大胆行动掘到了第一桶金，并多年稳居世界首富的宝座。

仔细回忆，是什么让我们错失良机？犹豫不决的原因又是什么？更多的原因应该是不能积极行动导致错失良机。但须知道，人生有很多机会，它只出现一次，然后就再也没有了。如果我们面对这绝无仅有的机会，由于惧怕和其他种种问题，而不去做的话，机会就一去不复返了。我们已经有了计划和进程表，接下来要做的就是行动起来，立即执行。

著名的畅销书作家奥狄·曼格诺也曾说过："一张地图，无论多精细，都不可能使你在地面上移动一步。我们的计划再科学，还需要我们毫不迟疑并且坚定地去执行才可奏效。"在制订一个明确的计划之后，关键是要落实在行动上，做到立即执行，否则你到死都会像以前那样将工作无休止地留给明天。所以，当你有冲动要把计划付诸行动时，不要轻易放弃，一定要行动。因为唯有行动才有可能成功，只会空想的人终将一事无成。想到了就做，做到结束为止。

马上就办：速度就是执行力

有位台湾教授曾说过这样一句话："进入21世纪，一个关键的用语不再是企业重组了，而是与企业生存发展息息相关的词——速度。我们清楚地看到一个能继续生存，且基业常青、胜人一筹的赢家，就是要靠速度。因为，速度第一。"将这句话放到我国3G产品开发战略上，是再恰当不过了。

苹果公司现任CEO蒂姆·库克起初只是苹果公司的运营经理。在任职初期的一次会议上，库克听说苹果公司的某一家中国供应商出了问题。"这太糟糕了。”他说，“应该有人马上去中国处理这件事。”

30分钟后，他看着还坐着的一位运营主管，面无表情地说：“你怎么还没走？”

那位主管站起来，没带任何行李，直接开车去了旧金山机场，买了飞机票飞往中国。他后来成为库克的第一副手。

员工的反应速度决定企业的反应速度。因此，对企业员工来说，“最理想的任务完成期是要在昨天完成”。对老板交代的工作，要在第一时间进行处理，争取让工作早点瓜熟蒂落，让老板放心。

商场如战场，商机稍纵即逝，因此速度也是生产力。日本著名企业家盛田昭夫说：“我们慢，不是因为我们不快，而是因为对手更快。如果你每天落后别人半步，一年后就是一百八十三步，十年后即十万八千里。”

有时间紧迫感应成为员工的基本习惯，执行力强的员工，会把时间进度当做核心指标来看待，一旦晚于预定时间，就会感到有压力，有紧张感，于是开始加班加点，投入更多的资源，或者是采用创新性的方法来弥补，总之，无论如何也要想尽办法来追赶进度。相反，执行力弱的员工，缺乏时间进度的强烈意识，即使晚于预定时间也无所谓。

每天都能听见有人说：“如果我当时就开始做那笔生意，早就发财了！”或者“我早就料到了，我好后悔当时没有做！”然而天下没有卖后悔药的。如果只是沉浸在不切实际的幻想中，梦想着天上掉馅儿饼，而不是脚踏实地付诸行动，那么幻想恐怕永远都只是幻想。

速度是执行的关键因素。你如果想到了不立即做，就会一事无成。如果我们总在追求完美，要想到最好、做到最好才敢创新，那么就只能在没完没了的铺垫中打转，恐怕永远也不会得到什么结果了，哪怕是一个比较差的结果。

只有积极行动，才能将梦想变成现实。如果你认准了一项工作，那么就要立即行动，因为世界上有93％的人都因拖延而一事无成。没有提出任何问题，没有表示任何困难，并且立即去行动，用最快的时间，用最好的质量，完成自己的任务。“一等二靠三落空，一想二干三成功”，成功的秘诀往往就是这么简单。

很多时候，你若立即进入工作的主题，会惊讶地发现，如果拿浪费在万事俱备上的时间和潜力处理手中的工作，往往绰绰有余。而且，许多事情员工若立即动手去做，就会感到快乐、有趣，加大成功概率。一旦延迟，愚蠢地去满足万事俱备这一先行条件，不但辛苦加倍，还要付出重大代价。

在信息时代，大公司不一定能打败小公司，但是快的一定会打败慢的。能比市场上其他公司更快交付工作结果的公司，不光眼下可以幸存下来，而且将来还能够兴旺发达。对员工来说，也是如此，成功的人永远都先走再说。

当然，速度快不一定强，但速度不快注定不强！如果我们能够以最快的速度去面对每一项工作，就可以让自己的心灵引擎中沸腾起无穷的能量，继而推动自己的进取心和创新意识。这样，即使在平凡的工作岗位上工作，也会创造出不平凡的业绩。

停下来！别让借口消耗我们的行动力

当我们不想做某事的时候，会说“这段时间我很忙”，或者“我不知道怎么做”；当我们逃避责任的时候，会说“这和我无关”……人天生就有趋利避害的本能，这些借口恰好迎合了人的这种本能，而且像罂粟一样让人成瘾，成为难以驱除的顽疾。

停下来，不要加入“借口大军”的队伍之中，因为寻找借口的人只会消耗自己的行动力！相反，如果我们把“没有任何借口”深入工作，就会有意想不到的好效果。

李瑞是一家公司的产品工艺设计员，他经常埋怨、找借口、推卸责任，还利用工作时间和同事聊天，把工作丢到一旁而毫无顾忌。别人提起，他总是说：“等一会儿再做”“明天说吧，有的是时间”……

渐渐的，他做事变得拖沓起来，效率低下。要他星期一早上交的方案，到了星期二早上依然尚未做完，经理批评他，他就带着情绪工作，把方案做得一塌糊涂。后来，李瑞在接到工作任务时，不是考虑怎样把工作做好，而是能拖则拖，没有主动性。时间长了，经理也不愿再交给他一些重要任务，只让他做最简单的方案。

随着公司走上正轨，更多新人的加入，公司开始精选人才，李瑞自然就成了公司第一批的淘汰者。

李瑞的借口，为他的不行动提供了“理所当然”的理由，也使得自己被工作淘汰。工作当中的敷衍拖沓、消磨时光，使要干的事越积越多，最后导致什么也干不了；相反，如果充分利用每分每秒，可以干越来越多的事情，也就是在扩大工作成果，就是在延长自己的生命。

任何借口只会损耗我们行动的能量，对我们的工作没有任何积极作用。如果在工作中以某种借口为自己的过错开脱责任，第一次可能你会沉浸在借口为自己带来的暂时的舒适和安全之中而不自知。但是，这种借口所带来的“好处”会让你第二次、第三次为自己去寻找借口。不幸的是，这很可能就会让你形成一种寻找借口的习惯。

不找借口就是将一切后路都断绝，倾注全部的心血于你的工作中，做到心无旁骛，不找借口是人生最大的智慧，我们应该在做任何事情时，都想尽办法，尽其所能。

工作中，不知有多少人一直抱怨自己缺乏机会，并努力为自己的失败寻找借口，殊不知，正是爱找借口导致了他们的失败，导致了他们在原地踏步。成功者则相反，他们能够承担起责任，炸掉所有阻碍自己前进的借口。

要杜绝的借口横行，在工作中，我们就要从以下几个方面努力：

1. 反省自己

在寻找失败的原因时，每个人首先要反省，理由是不是客观事实，是不是真实可信，是不是只是想用来掩饰本部门的错误？然后反观自己的行为，如果确实有错误的地方，就应该勇敢地承担责任，诚恳地承认错误，并且要改善自己的工作，积极地寻求补救的办法。

2. 严格要求自己

对自己的严格自律，可能刚开始有些困难。但是你要相信，只有勇于承担责任，不把责任推给别人的人，才有可能晋升到优秀的行列，才有可能打造出一个优秀的企业。

3. 心态要积极

抱着积极的心态去处理工作中的种种问题。如果能积极地发现问题，并着力解决它，就会发现你永远拥有无穷的活力及解决问题的能力。每个部门主管要勇于承担起责任，不要把责任推给别的部门和部门主管，而是要自己积极地解决问题，尽到应尽的职责。这样的部门，不用担心有一天被公司裁减掉，部门领导也不会被撤职。

4. 即使被误会，也不要急于辩解

即使错误确实不是由于本部门的过失造成的，也不要急于替自己辩解，而应着眼于整个公司的利益，等事情得到妥善的处理后，事情的真相自然会浮出水面。如果确实被误会了，上司会在未来的时间发现，还给你一个清白。各个部门始终要以整体形象出现的，如果有问题，勇敢地站出来承担责任解决问题，化危机为契机。当真正开始着手解决眼前的问题时，问题其实没有你想象的那样棘手。

5. 通过使用积极的自我暗示，远离“借口”

比如，在你的办公室里贴上一张宣言，上面写着：“我每天用积极乐观的态度对待遇到的每一个人。”这样难道不是很有用的吗？当你看到一张纸条上写着：“我有能力、有毅力、有自信、有决心完成我想做的每一件事。”这样做了一段时间后，你会发现作用很大，你的人生将从此改变。

去干，去试，不拖延

别只想，去干、去试，才有成功的可能。一味地拖延是一种很坏的工作习惯。

对一位渴望成功的人来说，拖拉最具破坏性，也是最危险的恶习，它使人丧失进取心。看准了就应该干，不要拖延，否则机会就会与你擦肩而过。

19世纪50年代，受西部淘金热的影响，年轻的美国小伙子李威·施特劳斯也按捺不住了，他放弃了自己轻松的文职工作，随着两个哥哥来到旧金山。到旧金山不久，他开办了一家百货店。

一天，一位来店里买东西的淘金工人无意中对施特劳斯说："你们的帆布包真的很适合我们，为什么不用帆布做成裤子给我们淘金工人穿呢？我想，那一定比我们现在的棉布工装裤结实耐用多了。"

淘金工人们的建议引起了施特劳斯的兴趣，他经过反复思考，决定立即听取这位淘金工人的建议。他马上取出一块帆布到裁缝店，做了第一条帆布工装裤。这种工装裤诞生以后，果然受到了众多矿工的喜爱。这种工装裤就是现在风靡全球的牛仔裤的前身。

过了些日子，一位从远方来看望施特劳斯的朋友见到工人购买工装裤的情形，向他建议道："我认为，你应该聘请一些有丰富经验的裁缝，先把这种裤子重新设计一番，再投入一些资金，并进行相应的广告宣传，然后把它推向市场。"施特劳斯经过慎重思考，又接纳了这位朋友的建议，以最快的速度将经过重新设计的工装裤推向了市场。令施特劳斯没有想到的是，这种裤子不但吸引了大批矿工的喜爱，而且受到了年轻人的青睐。

后来，他引进设备，组装生产线，开始大批量生产这种工装裤——牛仔裤，并利用各种媒体对牛仔裤进行大肆宣传，甚至还大谈特谈起"牛仔文化"，无孔不入的宣传使牛仔裤深得人心。牛仔裤的市场前景越来越光明、越来越广阔，他的公司也因此而获得了蓬勃发展。

对一个人来说，机会摆在面前，能否抓住这些机会，不仅取决于他是否有敏锐的洞察力，更取决于他是否敢于付出行动，如果畏首畏尾，不敢行动，那么他永远都不会成为一个立即执行不打折的人。

喜欢拖拉的人往往意志薄弱，他们或者不敢面对现实，习惯于逃避困难，惧怕艰苦，缺乏约束自我的毅力；或者目标和想法太多，导致无从下手，缺乏应有的计划性和条理性；或者没有目标，甚至不知道应该确定什么样的目标。另外，认为条件不成熟，无法开始行动也是导致拖拉的原因之一。

要想从根本上克服犹豫不决、拖拉不行动的弊病，可以从以下几个方面入手：

1. 分类找原因

是什么原因使员工无法做某项工作？优柔寡断？害羞？无聊？无知？散漫？恐惧？疲倦？无法忍受不愉快？缺乏必备的工具？一字一句地具体指出拖延某事的原因，区分类别。如果正确地认清问题，则解决方法就会变得相当明确。如信息不足，则可以开始寻找必需的资料。

2. 将艰巨的任务分成小段

工作似乎相当艰巨，则稍稍暂缓，拿出纸来做思考。记下完成工作所需的步骤，步骤的幅度越小越好，即使它们只需要花费一两分钟，也须分别记下。

这个艰巨的工作就像一条未被切割的大腊肠，庞大、皮厚、油腻，难以入口，但如果切为薄片，则相当引人垂涎。将艰巨的工作分开对待，即分成每个小小的即时工作单，就像可以马上享用的腊肠片，而非整条腊肠。

3. 引导式工作

假设想拖延写信，不要试着去强迫自己，只要采取一个小步骤，当做完此步骤，便可以决定是否要继续下去。这步骤可能是看看信的地址，或拿出纸笔，或写下想提出的要点。任何事皆可，只要是明显的身体行为，这是打破内心困顿的方式，其理论基于：事物静止时依旧是静止着，运动时依旧是运动着。

4. 五分钟计划

有些工作难以分割小块，如想清理积压如山的公文，大约需要一小时，实在很难将它简单分割成“即时工作”。这时，可以试试5分钟计划，和自己做个约定，允许以5分钟做这工作，时间一到，便可自由去做想做的事，或是继续5分钟。不管工作多么令人厌烦，仍须常常去做5分钟。5分钟后，若不想接着继续干，则不要干，约定就是约定。在将工作撇开之前，记下另一个5分钟的时间。

此外，记日记，和自己对话，让信得过的亲朋好友在固定时间督促检查自己的工作，这些方法可以克服拖延，实现马上执行。

给自己施压：规定时间下限

工作如果没有时间限定，就如同开了一张空头支票。只有懂得用时间给自己压力，到时才能完成。一名优秀的员工，任何时候都不要自作聪明地设计工作，让工作按照自己的期望把完成期限延后。

曹睿是某公司的一个部门主管，他这几天特别忙，因为他平时工作总喜欢把“不着急，还有时间”“明天再说吧”这些话放在嘴边，而现在老板要去国外公干，并且要在一个国际性的商务会议上发表演说。曹睿负责一些资料的搜集和整理，刚接到这个任务时，曹睿并没有着急，他想搜集资料是很简单的，又不像写东西那么复杂，就没有放在心上。

等到老板要出发的前一天，所有的主管都来送行，有人问曹睿：“你负责的资料整理好了没有？”

曹睿很轻松地说：“不用那么着急，老板要坐好长时间的飞机，反正这段时间是空闲的，资料要等到下飞机才用，我一会儿就去整理，然后用传真发过去就行了。”

过了一会儿，老板来了，第一件事就是问曹睿：“你负责整理的资料和数据呢？”曹睿按照他的想法又跟老板说了一遍。老板听了他的回答，脸色大变：“什么？我已经计划好了，利用在飞机上的时间，和同行的顾问按照这些资料研究一下这次的议题，不能白白浪费这么好的时间啊！”

听到老板的话，曹睿脸色一片惨白。

工作中如果没有时间的限定，或者总是没有时间观念，那么这份工作永远不可能做好。只有懂得用时间给自己施加压力，才能及时地完成任务。

比尔·盖茨说过这样的话：“过去，只有适者能够生存；今天，只有最快处理完事务的人才能够生存。”在人才竞争激烈的公司里，要想立于不败之地，员工必须奉行给任务规定时间下限，才能在压力中完成任务。时间不等人，不能让时间溜走了再后悔。规定时间下限，顺利完成任务，你可以听从以下几点建议：

1. 列出你立即可以做的事情

你可以在每天早上工作开始之前就完成这项步骤，通常从最简单和用时最少的事情开始。

2. 保持对一件事情至少五分钟的热度

要求自己针对已经拖延的事项不间断地做五分钟，时间一到就停下来，休息片刻后再次重新开始。当你慢慢变得不需要停顿时，你就可以欣赏自己的成绩了。

3. 把你的工作情况告诉别人

让关心这份工作的人知道你的工作进度和预定完成的期限，使用“预定”表明你是在有计划能动地工作，就算是失败了，也不要让别人为自己沮丧。告诉别人会让你能感受到期限的压力，还能让你听听别人的意见和看法。

4. 要保持良好的工作状态

最重要的是要保持清醒的头脑，要克服拖延所带来的疲惫感，不妨试着从工作中寻找努力的意义，从而保持良好的工作状态。

5. 在记事本上记下所有的工作日期

把开始日期、预定完成日期还有各阶段的完成期限记下来。

6. 列任务清单

任务要落到纸上，好记性不如烂笔头，再好的记性也不如写到纸上，做起事来也踏实，不用担心会漏掉什么工作。

Who Are You Working For?

第七章

敢于突破：全世界都为勇敢的人让路

困难不过是勇者的“营养品”

没有钢铁般的意志，一切都是空谈

畏惧失败就是毁灭进步

逆风飞翔，大胆迎接挑战

勇于冒险，无限风光在险峰

困难不过是勇者的“营养品”

困难是勇者“营养品”，让人一生受益匪浅。克服了困难后，就会发现没有“过不去的火焰山”。所谓困难，不过是“中途站”。困难是无处不在的，就像人生本身就处处充满了困难，因此不用把工作中暂时的困难想得太大，所有的困难都会过去。遇到困难时，要学会“摸着石头过河”，扶着那些坚韧的磐石步步为营，把绊脚石统统踢开。

在激烈的职场竞争中，一个人不管条件再怎么好，都会遇到困难，这就要求员工要有新的认识，学习“所谓困难，不过是勇者的营养品”的理论和经验。当你以一个勇者的姿态来面对困难，当责任降临的时候勇于承担，筹划对策，自然而然的，你的工作不会毫无成效，你的前途不会没有光明。

半个多世纪以前，陈永栽一家生活非常贫穷。陈永栽出生于福建省晋江市，4岁跟着父母到菲律宾谋生。后来由于一些变故，刚满11岁的陈永栽在一家烟厂当杂役。那段日子，陈永栽一边赚钱养家，一边自学，以半工半读的方式修完马尼拉远东大学化学工程系的课程。毕业后，陈永栽仍在烟厂工作，并且被提升为化学师。后来他由于具备了丰富的化工知识和在烟厂多年的工作经验，又拥有与商界的密切联系，辞去了化学师的职位，自己创业。在周边人的帮助下，他创办了一家淀粉加工厂，但以失败告终。

之后，陈永栽与一群当年一起在烟厂工作的朋友，在菲律宾马尼拉的一所小房子里创办了自己的烟厂。当时，菲律宾烟草市场竞争已十分激烈。一家小资本的工厂如何挤进市场？陈永栽通过分析市场需求及自身条件，决定投产中档香烟，并要求质量超过其他厂家。经过努力，福川烟厂的产品打开了销路。不料，1968年，他的生意刚有起色时，却遭遇了一场台风，福川烟厂的大多数设备被毁。陈永栽和工人不分昼夜修建房屋，挑拣被淋湿的烟草，修理被毁坏的机器。遭受这一打击后，陈永栽并不气馁，反而坚定了彻底改变落后制烟设备的决心。

他把世界先进的制烟生产流水线和现代化的卷烟机引进菲律宾，并在此后不断引进先进设备，使烟厂的设备和技术处于世界先进水平。后来，他的烟厂发展成为菲律宾最大的香烟制造公司，占据菲律宾七成以上的香烟市场份额。此后，陈永栽的事业迎来了全面崛起时期。

陈永栽的例子，淋漓尽致地诠释了"困难不过是中途站"的说法。困难只是暂时的，只要我们自己不放弃，接受挑战，我们便能取得成功。

当菲律宾首富陈永栽被问到从无到有的成功秘诀时，他说："其实我与大家没有什么不同，我没有什么特别的，有的就是努力工作，将困难作为中途站，面对风险，抓住机遇。"

很多时候，我们也需要一种超越困难的精神，敢于积极去啃"硬骨头"，承担艰巨的任务。实际上，长此以往，你的能力和经验会迅速得到提升。在完成这些艰巨任务的过程中，你有时会感到很痛苦，但痛苦会让你变得更成熟。

敢于超越困难，将任务执行到底，才能保证业绩的完成。这是面对困难时的一种积极态度，也是保障使命得以顺利执行的重要心态。

在工作中，超越困难的心态是一种不可抵挡的力量。如果你想在职场中取得成功，就应当发扬不达目的誓不罢休的精神，让自己成为老板眼中那个能够将任务执行到底，并最终取得业绩的人。

如何做到超越困难呢？

1. 困难面前你需要一颗勇敢的心

当你对严峻的现实感到束手无策时，如果屈服于内心的“纸老虎”，只会更加的恐惧。事实上，任何问题并不像我们想象的那么可怕。

只要你有一颗勇敢的心，那么无论在你身上发生什么事，都无法影响到你。当你意识到自己从伟大的造物主那里获得源源不断的能量时，你就能学会坚强，学会正视问题，从烦恼和痛苦中解脱出来，并且有可能获得新生，更加自信而愉快地工作。

2. 不逃避，主动寻找解决问题的方法

事实上，很多事情都没有你想象的那么难，当你坚定地相信自己可以，当你勇敢地迈出那一步时，你会惊喜地发现，事情原来就这么简单。

生活和工作就像一个战场，在这个没有硝烟的战场上，我们会遇到无数的困难，一味地采取消极的态度，暗示自己“我不行”，又或者直接选择逃避，困难就会越来越大，最后真成了难题。但如果扛起责任的大旗，相信自己可以，开动脑筋，用自己的行动来解决问题，最后定能战胜困难，做出好的业绩。

没有钢铁般的意志，一切都是空谈

万里长征路上，红军曾渡过湘江、乌江、赤水河、大渡河、嘉陵江等几十条大江大河，在这些江河上，红军经历了与敌人的殊死搏斗，书写了“血战湘江”“四渡赤水”“激战嘉陵江”“抢渡大渡河”等壮丽篇章。红军还曾翻越过夹金山、梦笔山、巴郎山、虹桥山、腊子口、亚克夏山等二十余座雪山，它们一座比一座陡峭，一座比一座险恶，平均海拔都在3500米以上。红军翻越这些山峰时，缺衣少食，体力透支，他们在相互搀扶中，一步一步地艰难前行，饿了，用以充饥的只有野菜、草粒甚至皮带；冷了，用以取暖的只有几件破衣烂衫和几粒干辣椒。

如果没有惊人的意志与勇气，就没有万里长征的胜利，也就没有中国革命的胜利。军队、企业和个人的成功之道是相同的，都需要钢铁般的意志与勇气。

1999年，马云创办了阿里巴巴公司。2000年，随着网络经济的破灭，互联网企业陷入了低谷，人心浮躁，人员流失。阿里巴巴在美国的办事处和国内一些地区的办事机构也相继关闭。

人们不清楚互联网能走多久，分不清马云的想法是天真还是狂话。到了“最冷的冬天”，大家都觉得这个公司不可能走下去了，马云也承受着来自内外的巨大压力。

这是一段困难的时期，现实的浮躁、对未来的迷茫以及员工的不理解，使马云陷入人生的低谷。一次会议之后，马云在长安街上黯然走了15分钟，最后，马云说：“坚持到底就是胜利，如果所有的网络公司都要关闭的话，我希望我们是最后一个关闭的。”

就在马云最困难、快坚持不住的时候，软银的总裁孙正义向马云伸出了援助之手。当时，孙正义到上海参加投资人大会，马云最后一个发言，他只说了一句话就下来了：“一年前你为我融资的时候，我讲的是这个梦想，今天我还是这个梦想，唯一的区别是我往前走了两步。”马云的话使孙正义特别感动，他当即就说：“我支持马云。”

这一年，阿里巴巴得到了孙正义2000万美元的风险投资，有了这些钱，马云渡过了互联网的“寒冬”。2002年，他提出公司要赚一块钱，阿里巴巴的业务量在“非典”期间增长了6倍；2003年，抓住机遇的阿里巴巴实现了100万元的年收入；2006年，阿里巴巴的净利润达到2199亿元；2007年11月6日，阿里巴巴在香港联交所挂牌上市，成为中国最大且首家市值突破200亿美元的互联网公司。

马云成功了，是他的坚毅，是他的刚强，是他的不向困难低头。麦当劳创始人克罗克说：“世上没有东西可取代坚毅的地位。才干不能，有才能的失败者比比皆是；天才不能，才华横溢又毫无进取者众多；单靠教育不能，受过教育但潦倒终生者充斥世间。唯有坚毅与果敢者能够无所不能，获得成功。”

罗素·赫尔曼·康维尔是一名美国演说家和牧师。他的《钻石就在你家后院》发表于1888年，被用作6000多次的励志演讲，他说：“古往今来，人们都在不停地谈论着成功的秘诀。但其实，成功并没有什么秘诀。成功的声音一直在芸芸众生的耳边萦绕，只是没有人理会它罢了。而它反复述说的就是一个词——意志力。任何一个人，只要听见了它的声音并且用心去体会，就会获得足够的能量去攀越生命的巅峰。这些年来，我一直致力于一项事业——试图在人们的思想中植入这样一种观念：只要给予意志力以支配生命的自由，那么我们就会无坚不摧，无往不利。”

刚毅坚强不仅是自己在工作中遇到困难时继续坚持下去的坚强心态，同时也是别人信任你的基础。要想在工作中崭露头角，要想成大事，坚毅刚强是我们不可缺少的一种优秀品质。 所以，追求成功者，一定要意志坚韧，在果断性、忍耐性和顽强性上磨炼自己是十分必要的。

畏惧失败就是毁灭进步

有很多人，他们在失败面前意志消沉，一蹶不振；而那些有坚韧力的人，则能够坚持不懈。那些不知怎样才算受挫的人，是不会一败涂地的。他们纵有失败，也从不以那个失败作为最终的命运。每次失败之后，他们会以更大的决心，更多的勇气，站起来向前进发，这种人是永远不会被困难击倒的！坚韧、无畏，永远是成就大事的人的特征，而不敢冒险、逃避困苦的人，自然一生只能做些小事。

每一次失败，都能磨炼你的意志，提高你的勇气，考验你的耐心，培养你的能力。失败，是超越自我的坐标，一旦发现此路不通，便要另辟蹊径，当许多这样的坐标明显地标示出来后，通往成功之路就更加清晰了。“畏惧失败就是毁灭进步”是西点军校非常流行的一句话。在西点每个人都渴望胜利和荣誉，每个人都希望成为第一，每个人都不会惧怕失败，每个人都不会被困难击倒。

艾森豪威尔在二战期间曾任盟军最高统帅，在二战后期盟军发动的一次大攻势期间，有一天他在莱茵河附近散步：遇见一名士兵神情非常沮丧。“你这是怎么了，孩子？”他问道。“将军，”年轻的士兵回答，“我烦得要死。”“那你跟我真是同病相怜。”艾森豪威尔说，“因为我也很心烦。我想如果我们一起散散步，也许能从烦恼中解脱出来。”

艾森豪威尔说过：“我曾经因为仰慕霍华德·韩德利克斯，决定参加一个他参与主持的讲习班，他的风格、诚意、才华和信心，都从他所说的每一句话中充分表露了出来。他可真是我见过的最出色的教师。但听得越多我越没有自信，认为自己永远不可能比得上他。有一天，霍华德似乎察觉到了我的心意，同时他也认识到大部分学员可能都有这种感受，因此他停止了授课，开始坦诚地对我们说起自己的经历。他平静地叙述他的失败，又说他曾几次想放弃教学生涯。我们听了都不禁笑了起来，但随即就觉得心里很难受，很同情他。我了解到他也是血肉之躯，不是完人，和我们大家没有两样。

“人生不是百米短跑，”他对我们说，“它是一场马拉松比赛，最后到达终点的通常都是那些像你我那样拖着沉重脚步慢慢奔跑的人。”

真正的失败是放弃，是犯了错误但不能从中吸取教训。一位哲学家说过：“人的身心都可以从背阴处移到阳光普照的地方。稍有思想的人都能办得到。”工作中的失败，往往会给我们带来极大的痛苦，只有设法尽快摆脱痛苦，才能坚定不移地向既定的目标进发。

卡耐基曾经说过，很多人成功的秘诀，就在于他们不怕失败。他心中想要做一件事时，总是用全部的热诚，全力以赴，从来想不到有任何失败的可能。即便他失败了，也会立刻站起来，抱持更大的决心，向前奋斗，直到最终迎来辉煌。

工作中的失败并不可怕，可怕的是我们就此被失败吓倒。没有经历过失败又怎么能感受到成功的喜悦呢？如果你现在正处于工作的低潮期，请不要畏惧失败，也不要害怕面前的困难；如果你现在正享受胜利的喜悦，也请继续努力，还有更高的山峰等待你的攀越。

要战胜失败所带来的挫折感，就要善于挖掘、利用自身的“资源”。应该说当今社会已大大增加了这方面的发展机遇，只要敢于尝试，勇于拼搏，就一定会有所作为。虽然有时个体不能改变“环境”的“安排”，但谁也无法剥夺其作为“自我主人”的权利。若每次失败之后都能有所“领悟”，把每一次失败都当做成功的前奏，那么就能化消极为积极，变自卑为自信。作为一个现代人，应具有迎接失败的心理准备。世界充满了成功的机遇，也充满了失败的风险，所以要树立持久心，以不断提高应付挫折与干扰的能力，调整自己，增强社会适应力，坚信失败乃成功之母。

只要我们再尝试一次，最终我们会成功的，做任何事情都是这样。因为短暂的失败而惊慌失措只能乱中添乱，因为没有坚韧的毅力而中途放弃只能一事无成，这些都将导致你走向更大的失败。世界上没有常胜将军，同样也没有永远的失败者。现在的胜利代表的是对你过去的肯定，而现在的失败同样只代表过去，只要继续努力，胜利就有可能属于你。

逆风飞翔，大胆迎接挑战

在瞬息万变的职场中，我们每天都会碰到各种突发状况，遇到各种困难与挑战。但只要我们勇敢地面对这一切，不利的因素终会在我们的努力下变小、变弱直至消失无踪。一个勇于面对困难、接受挑战的员工也必定是一个能够为企业解决麻烦、创造业绩的员工，是企业不可或缺的一员。

优秀员工的眼中，没有什么不可能完成的任务。要知道，没有办法或不可能对你没有任何好处，它只能使事情画上句号，所以请马上删除这样的想法。无论遇到什么事情，总有一种最合适的办法，它使事情有突破的可能，你应该把它加入到你的大脑中。

“有可能通过那条路吗？”拿破仑向工程人员问道。他们被派遣去探索圣伯纳德的那条可怕的小路。“也许，”工程人员有些犹豫地回答，“还是有可能的。”

“那就前进。”拿破仑说道，根本没有在意那些似乎难以逾越的困难。英国人和奥地利人对于拿破仑要翻越阿尔卑斯山的想法表现出嘲笑和不屑一顾，那里“从没有车辆行驶，也根本不可能有”，更何况是一支5万人的部队，他们带着笨重的大炮、数十吨的炮弹和辎重，还有大量的军需品。但是饥寒交迫的麦瑟那正在热那亚处于包围之中，胜利的奥地利人聚集在尼斯城前，而拿破仑绝不是那种在危难中将以前的伙伴弃之不顾的人，他除了前进别无他念。

在这个“不可能”的任务被完成后，有些人认为这早就能够做到，而其他人之所以没有做到，是因为他们拒绝面对这样的困难，固执地认为这些困难不可克服。许多指挥官都拥有必要的补给、工具和强壮的士兵，但他们却缺少拿破仑那样的勇气和决心。拿破仑从不在困难面前退缩，而是不断进取，创造并抓住了胜利的机会。

每个人的内心始终存在着两股力量，其中一股是：我天生是来做伟人的，我应该什么都可以做到；另一股力量却时时在打击我们：你办不到！两股力量的斗争在遇到困境与失败时会变得更加激烈。其实，我们每个人最大的敌人就是自我怀疑和畏惧失败。

在职场中，随时可能碰到和战场上一样的艰难险阻，接到攻克暗堡似的艰巨任务，但是对于勇敢的人来说，没有什么是不可能的。困难可以克服，敌人可以打倒，关键是要具备迎难而上的勇气。勇敢面对一切挑战的人，是勇敢的人，也必定是有决心和方法的智者。他懂得冷静思考，懂得寻找一个最为缜密、保险的方法攻克一切。每当攻克一个困难，他的脚底便会多一块走向成功的垫脚石。一个逃避困难、不敢面对挑战的人，很难让人相信，他会真正为公司担当什么责任。公司的领导，又怎会赋予他更大的使命呢？

有时候，困难与挑战并非来自外部，而是来自企业内部与员工自己。工作久了，我们习惯了以往的方法与模式，甚至忍不住想躺在功劳谱上睡一觉。但恰恰是这些念头麻痹了我们的神经，让我们放松了警惕，丧失了迎接困难、挑战自我的勇气与能力。优秀的员工不仅要随时准备应对来自外部的压力与挑战，还要保持清醒的头脑，不断挑战自我，学会在职场中逆风飞翔。

亨利·福特准备制造V-8汽缸引擎时，他把这个任务交给他的工程师去设计，要求把8个汽缸放在一起。图纸很快画出来了，但是工程师们却异口同声地说："8个汽缸放在一起，是根本不可能的事情。"

"天下没有办不到的事，无论如何要做出来。"福特没有理会他们。

"但是，那真的是不可能的啊！"工程师们坚持说。

"现在就动手去做，不论花多少时间，都必须完成。"福特没有妥协。

工程师们只得着手去做。因为他们知道福特的脾气，不按他的话去做，就会丢掉饭碗。过了半年时间，一点动静也没有。然后又过了半年，还是没有一点进展。工程师想尽了一切办法，都没有成功，很多人都想放弃了，只是不敢提出来。接着，又过了一年，工程师实在没有办法了，来到福特面前，说："那根本是不可能的。"

"继续做！"福特的口气丝毫没有商量的余地，"我要8汽缸引擎，一定要做出来！"

工程师们只好再次动手做起来，这一回，他们想到办法了，并很快做了出来，V-8汽缸宣告诞生。

美国著名钢铁大王安德鲁·卡内基在描述他心目中的优秀员工时说："我们所急需的人才，不是那些有着多么高贵的血统或者多么高学历的人，而是那些有着钢铁般的意志，勇于向工作中的‘不可能’挑战的人。”这是多么掷地有声、发人深省的一句话啊！

挑战的最高级别便是挑战自我、挑战已有的成功，把“不可能”的事情变成可能。每一位在职场中拼搏并希望获得成功的员工，都应该把这句话铭记！事实上，我们每个人的身上都蕴涵着极大的能量。勇于向不可能的任务挑战，有利于我们不断打破自我限制，充分发挥出自我潜能。

勇于冒险，无限风光在险峰

冒险是成功者的天性。无限风光在险峰，王安石在《游褒禅山记》里曾这么说过，平坦而又近的地方，前来游览的人便多；危险而又远的地方，前来游览的人便少。但是世上奇妙雄伟、珍异奇特、非同寻常的景观，常常在那险阻、僻远、少有人至的地方。创业需要胆量，需要冒险。但是，创业不是赌博，冒险不是冒进。

曾有一个人问哲学家：什么叫冒险，什么叫冒进？

哲学家说，比如有一个山洞，山洞里有一桶金子，你进去把金子拿了出来。假如那山洞是一个狼洞，你这就是冒险；假如那山洞是一个老虎洞，你这就是冒进。假如那山洞里的只是一捆劈柴，那么，即使那是一个狗洞，你也是冒进。冒险是这样一种东西，你经过努力，有可能得到，但前提是那东西是你值得冒险的。否则，你只是冒进，死了都不值得。

冒险可能会意味着你将付出很多，因此在冒险前一定要想清楚是否值得你去冒险，不能做无谓的牺牲。但是，如果值得的话就一定要去尝试，在感受那种泰山之巅的豪迈中拥抱新升的太阳。

大学毕业后，宁铂在内心里强烈地希望报考研究生，但是他一而再、再而三地放弃了自己的希望。第一次是在报名之后，第二次是在体检之后，第三次则是在走进考场前的那一刻。

张亚勤后来谈到自己的同学时，异常惋惜地说："我相信宁铂就是在考研究生这件事情上走错了一步。他如果向前迈一步，走进考场，是一定能够通过考试的，因为他的智商很高，成绩也很优秀，可惜他没有走进考场。这不是一个聪明不聪明的问题，而是一念之差的事情。就像我那一年高考。当时我正生病住在医院里，完全可以不去参加高考，但我当时少了一些顾虑，多了一点自信和勇气，所以做了一个很简单的选择。而宁铂就是多了一些顾虑，少了一点自信和勇气，所以做了一个错误的判断，结果智慧不能发挥，真是很可惜。那些敢于去尝试的人一定是聪明人，他们不会输。因为他们会想，'即使不成功，我也能从中得到教训。'如果你看看周围形形色色的人，就会发现：有些人比你更杰出，那不是因为他们得天独厚，事实上你和他们一样好。如果你今天的处境与他们不一样，只是因为你的精神状态和他们不一样。在同样一件事情面前，你的想法和反应和他们不一样。他们比你更加自信，更有勇气。仅仅是这一点，就决定了事情的成败以及完全不同的成长之路。"

张亚勤和宁铂的区别，主要在于他们对待挑战的态度不同。张亚勤在挑战面前勇于进取，不怕失败，而宁铂则因为自己身上寄托了人们太多的期望，反而觉得无法承受，甚至没有勇气去争取自己渴望的东西。

人要永远保持冒险精神。"谨慎小心"虽是一种优秀的品质，但裹足不前、安于现状，只能使你在当今瞬息万变的社会中被淘汰出局。有冒险的生活，才有多姿多彩的人生。

在电视剧《亮剑》里，邢志国听说李云龙准备打县城时大吃一惊："这可是件大事，是不是应该向上级请示一下？""来不及了，师部离咱们好几百公里，等请示回来，黄花菜都凉啦！""团长，这太草率了。牵一发而动全身呀，咱们手里有多少兵力？弹药是否充足？有没有攻坚重武器？鬼子增援怎么办？咱们心里都没底，再怎么样，至少也得请友邻几个县的主力部队配合一下。""唔，作战计划已经有了，友邻的主力部队咱没权调动，通知一下也行，就说咱独立团要去县城吃肉喝酒，谁要看着眼馋就一块儿干，有我吃的就有他吃的。要是不敢来就算了，咱们不怕撑着，自己包啦！老子有多大的锅就下多少米，一个独立团加上几个县大队、区小队、民兵，也差不多了。"李云龙轻松地说。

邢志国急得连汗都流出来了："团长，你要三思，咱们这一打，整个晋西北全要乱套了，福安、水泉、潞阳等县的日军都会增援，压力太大了，咱们一个团顶得住吗？"

"怕什么？我是军事主官，我负责任，就算将来上级要追查，枪毙我就是，你就执行命令吧！"

该谨慎的时候的确应该谨慎，但是谨慎过度了又怎么能干大事？诸葛亮就是因为过于谨慎的个性使他失去了唯一一次北伐成功的机会。

一个人才华再高，本事再大，如果不敢冒险的话就很有可能错过人生中最关键的机遇。所以，当我们在面对机遇的时候，一定要大胆地抓住它，要有勇气，不要害怕冒险。

Who Are You Working For?

第八章

不待扬鞭自奋蹄，主动燃烧自我

做一个自燃型员工

工作中没有“不关我的事儿”

做工作的领跑者，而非旁观者

像实习生一样满怀热情

善于补位，出现在最需要的位置上

主动请愿，解决别人“绕开”的问题

积极参与，为公司发展献计献策

做一个自燃型员工

日本经营之圣稻盛和夫在《干法》中提到：物质有“可燃型”、“不燃型”和“自燃型”三种。同样，人也可以分为三种：第一种是点火就着的“可燃型”的人；第二种是点火也烧不起来的“不燃型”的人；第三种是自己就能熊熊燃烧的“自燃型”的人。想要成就某项事业，就必须成为能够自我燃烧的人。

所谓“自燃型”的人，就是从来不会“等别人吩咐了才去干”“因为有了命令才工作”的人，而是“在别人吩咐之前自发去干”的主动积极的人，他们应该都是热爱工作的人。要想将自己的能量最大限度地发挥出来，让工作顺利进行，就必须成为热爱工作的“自燃型”的人。

李开复曾任微软公司的副总裁，他对员工是否能够积极主动地做事深有感触：“不要只是被动地等待别人告诉你应该做什么，而是应该主动地去了解自己要做什么，并且规划它们，然后全力以赴地去完成。想想在今天世界上成功的那些人，有几个是唯唯诺诺、等人吩咐的人？对待工作，你需要以一个母亲对孩子般那样的责任心和爱心全力投入，不断努力。果真如此，便没有什么目标是不能达到的。”正如李开复所言，在微软公司，任何一个具有专业技能、有竞争力的员工都必须充分发挥自己的最大主观能动性，因为微软需要的是那种能够通过积极行动为公司带来收益的员工。

毛永刚进入微软公司中国研发中心时，负责新一代word的开发。真正开始工作后，他才发现，摆在他面前的只有一个目标和大概的资料，没有详细的岗位职责，没有人告诉他该怎么做，该用什么工具，和美国总部交流沟通，得到的答复是一切都要靠自己去做。

原来，微软企业文化的一个精髓就是员工要自己找事做。比如要测试一件产品，公司没有硬性规定测试程序和步骤，完全要根据员工自己对产品的理解，考虑产品的设计和用户的使用习惯等，发现新的问题。这样，每个员工都要充分发挥自己的主动性，既唤起了他们的责任感，又调动了他们的激情，从而才能设计出最满意的产品。

新员工到微软没有培训，而是“不管你会不会游泳，到这个游泳池就把你推下去。能游也得游，不能游也得学会游”。总裁鲍尔默说：“这样就形成了一种企业文化，来到这里就要潜心学东西，学好了就能生存，生存下来就要想怎样生存得更好。”所以他们强调“主动和动手”。

毛永刚没有退缩，他毅然担当起了开发的责任，积极思考，主动自觉地去工作，他的努力得到了回报，很快成长为桌面应用部经理。

积极主动地工作是每一个“自燃型”员工的共同特点，没有对工作的热爱就不会有全身心的投入。自动自发是一种对待工作敬业的态度，也是一种对待人生的态度，只有当自律与敬业成为习惯时，成功才会接踵而至。

当今社会，公司林立，是什么决定了一家公司蒸蒸日上而另一家公司步履维艰呢？有自己的想法，勇于承担责任，自动自发工作的员工就是“自燃型”员工，更是企业不可多得的人才。如果公司的员工只做老板吩咐的事，糊弄自己的工作，那么这样的公司是不可能长久的，这样的员工也不可能有大的发展。

人是一个复杂的矛盾体，既有求发展的需要，又有安于现状、得过且过的惰性。能够卧薪尝胆、自我警醒的人少之又少。更多的人需要的是鞭策和当头棒喝式的促动，而“逼”就是“最自然”的好办法。人们常说的“压力就是动力”，正是如此。日常生活中，人在一“逼”之下发挥出超常才能的事例不胜枚举。如一个平时得过且过的员工，完成了惊人的业务量，是因为承受了生存的压力。而积极主动的“自燃型”员工，他们的价值和自尊是发自内心的，而不是来自他人。也就是说，他们不是凭一时冲动做事，也不是被逼迫的，而是自动自发地、不断地追求完美。他们认为与其被动地服从，不如主动地去完成。

所以，如果你现在还在被动地工作的话，就赶紧转换自己的态度吧，因为只有你积极主动地去燃烧自我，才能将工作做到位，才能最终在职场上取得成功！

工作中没有“不关我的事儿”

当事情办砸的时候，听到的最多的就是“与我无关”“我想了很多办法，但不知道怎样才能改善”“都是他们出的主意，我不知道他们的初衷”……这种态度往往会令老板很恼火。问题不是洪水猛兽，每一个问题都是一个可以让你成长的机会，你所应该做的是想办法解决，而不是像玩“躲猫猫”游戏一样躲着问题。

这样的情景想必每个人都很熟悉——当工作出现问题时，各部门相互推诿、扯皮，问题能推就推，事情能躲就躲。最后，问题只有不了了之。这样不但对自己不好，还对公司的效益产生了负面的影响。遇到问题，我们不应躲避，推脱责任，应该勇敢地面对问题、解决问题，并且要改正自己的行为，积极地寻求解决问题的办法。

要想在工作中不断成长自己，给老板一个满意的结果，我们就必须改掉推脱责任的坏习惯。这种对自己的严格检查，可能刚开始时有些困难，但是你要相信，只有接收问题的人，才能在不断解决问题的过程中取得进步。

布伦达·库瑞是联邦快递的一名员工。一天，她正在值班，一阵急促的电话铃响起，这个电话来自凤凰城某医学实验室。对方说有两个送往实验室的羊水样本还未送达，羊水来自两个情况十分危急的孕妇，一旦时间延误，羊水就会变质，这样一来，两位孕妇就必须再次忍受抽取羊水的痛苦。

放下电话后，布伦达·库瑞迅速对羊水的运送情况进行了查询，查询的结果是，这两件样品就在附近的达拉斯市。她通过公司总部的远程呼叫系统截住了运送羊水的汽车。按照实验室事先的要求，为了保证羊水的安全，羊水必须保存在冰箱里，但公司里找不到现成的冰箱，布伦达立刻赶回家中，将自己的小冰箱和备用电源搬上了汽车。

然后，她又紧急与达拉斯市联邦快递的空运经理取得了联系，当天晚上的十一点钟，她坐上了空运经理安排的飞往凤凰城的飞机。次日一早，实验室人员准时看到了羊水样品。当实验室人员问她为什么这么做时，布伦达淡淡一笑，说："这件事需要有人来做，刚好，当时我在那里。"

布伦达的付出得到了回报，实验室后来告诉她，由于联邦快递送得及时，两件羊水样品完好无损，检测数据非常精确。她救了四个人的命——两位年轻的妈妈和两个可爱的小宝宝。

员工在任何时间、任何地点，接受公司任务时，都应该信心十足地说："这个就交给我吧，一点都没问题！"而不是："这个问题太多了，您还是找别人吧！”

美国塞文事务机器公司前董事长保罗·查莱普说：“我警告我们公司的人，如果有谁说‘我不知道，这不关我的事’，被我听到的话，我马上开除他。因为说这话的人显然对公司没有足够的兴趣——如果你愿意，站在那儿，眼睁睁地看着一个没有穿救生衣、只有2岁大的小孩单独在码头边上玩耍——好吧！可是我不会容许你这样做的，你必须跑过去保护那2岁的小孩才行。同样的，不论是不是你的责任，只要关系到公司的利益，你都该毫不犹豫地加以维护。因为，如果一个员工想得到提升，任何一件事都是他的责任。如果你想使老板相信你是个可造之才，最好最快的方法，莫过于积极寻找并抓牢促进公司利益的机会，哪怕不关你的责任，你也要这么做。”

在工作上，躲避问题的态度是大忌。只有出现问题主动去承担，积极想办法解决的员工才是老板心目中的优秀员工。据说美国前总统杜鲁门的桌子上摆着一个牌子，上面写着：Matter of stop here，意为“问题到此为止”。如果在工作中对待每一件事都有这种意识，可以肯定地说，这样的员工将赢得足够的尊敬和荣誉，也会拥有更多机会。

做工作的领跑者，而非旁观者

所谓主动精神，是指随时准备把握机会，展现超乎他人要求的工作表现的精神，以及拥有为了完成任务，必要时不惜打破常规的判断力。

通俗点讲，主动就是没有人要求你、强迫你，你就可以自觉而出色地完成工作。若用一句话来总结，主动就是永远不让自己成为工作的旁观者，而是工作的监督者，工作的领跑者。

15岁那年，齐瓦格家中一贫如洗，只受过短暂学校教育的他到一个山村做了马夫，然而齐瓦格并没有自暴自弃，他无时无刻不在寻找着发展的机遇。三年后，齐瓦格来到钢铁大王卡内基下属的一个建筑工地打工。一踏进建筑工地，齐瓦格就抱定了要做同事中最优秀的人的决心。当其他人在抱怨工作辛苦、薪水低而怠工的时候，齐瓦格却默默地积累着工作经验，并自学建筑知识。

一天晚上，同伴们在闲聊，唯独齐瓦格躲在角落里看书。那天恰巧公司经理到工地检查工作，经理看了看齐瓦格手中的书，又翻开他的笔记本，什么也没说就走了。第二天，公司经理把齐瓦格叫到办公室，问："你学那些东西干什么？"齐瓦格说："我想我们公司并不缺少打工者，缺少的是既有工作经验，又有专业知识的技术人员或管理者，对吗？"经理点了点头。

不久，齐瓦格就被升为技师。打工者中，有些人讽刺挖苦齐瓦格，他回答说："我不光是在为老板打工，更不单纯为了赚钱，我是在为自己的梦想打工，为自己的远大前途打工。我要使自己工作所产生的价值，远远超过所得的薪水，只有这样我才能得到重用，才能获得机遇！"抱着这样的信念，齐瓦格一步步升到了总工程师的职位上。25岁那年，齐瓦格又做了这家建筑公司的总经理。

卡内基的钢铁公司有一个天才的工程师兼合伙人琼斯，他在筹建公司最大的布拉德钢铁厂时，发现了齐瓦格超人的工作热情和管理才能。当时身为总经理的齐瓦格，每天都最早来到建筑工地。当琼斯问齐瓦格为什么总来这么早的时候，他回答说："只有这样，如有什么急事，才不至于被耽搁。"工厂建好后，琼斯推荐齐瓦格做了自己的副手，主管全厂事务。

两年后，琼斯在一次事故中丧生，齐瓦格便接任了厂长一职。因为齐瓦格的天才管理艺术及工作态度，布拉德钢铁厂成了卡内基钢铁公司的灵魂。因为有了这个工厂，卡内基才敢说："什么时候我想占领市场，市场就是我的。因为我能造出既便宜又好的钢材。"几年后，齐瓦格被卡内基任命为钢铁公司的董事长。

上述案例中的齐瓦格，在任何人生境况下都秉持主动心态，不以赚钱为唯一目标。他怀抱着坚定的为自己工作、为自己上进的信念，主动、积极地去奋斗，去学习，在任何工作环境下都竭尽全力，将自己的价值发挥到最大。终于，他的努力获得了高度评价，成为钢铁公司的董事长，成为了一个真正的大老板。

如果要将主动精神表述得更加深刻，那就是一个人提供自己力所能及的最大化服务，同时还保持着一种心甘情愿、友善和谐的心态。在现代社会，无论什么类型的企业，需要的绝不是那种仅仅遵守纪律、循规蹈矩，却缺乏热情和责任感，不够积极主动的员工。他们最欣赏的是能让自己的热情去推动企业发展的员工。很多人每天只知道抱怨，从不主动寻找机会，不去发现问题，也不会为自己制定长远目标，工作很被动，只是为了糊口，这样的人将永远在原地踏步，无法前行。

在今天这个竞争激烈、变幻莫测的市场环境中，如果公司的员工像个没有生命的按钮一样，只做老板吩咐的事，只完成上司交代好的工作，这样的公司是无法生存下去的。明智的老板所需要的，是能够真正地进入工作状态、独立自主地把事情做好的员工。这样的员工，无论他们的背景、训练或技能如何，他们都能受到公司的器重，获得更多的发展机会。

像实习生一样满怀热情

你还记得大学毕业实习时候的情景吗？那时候的我们怀着未酬的壮志，揣着对未来美好的憧憬，心中燃烧着熊熊的烈火，总感觉自己浑身有使不完的劲儿。那时候的我们从不会迟到早退，不在意自己拿的是最少的工资，总是争抢着去干又脏又苦的活，不讲回报，却很乐意付出更多的精力。那时候的我们对工作的态度永远是谦恭的。

如果你的激情能够持续下去，那么你所得到的回报一定会超过你的预期。但是，遗憾的是，很多人都在杂乱琐碎的工作中丧失了对工作的热情。也许你现在已经不是“实习生”了，但这并不意味着你的“实习生”心态就理所当然地应该结束了。对于工作，不仅需要低姿态进入，更需要保持一份最初的好奇心来对待手中的工作。

实习医师不具备医师执照，身处第一线面对病患，难免承受病人或家属怀疑的眼光。高雄长庚医院实习医师古宇伦说，实习医师虽没有执照，但服务热诚不变，值班小憩被叫醒照顾病人，就算再疲累，洗把脸照样堆起笑容上阵。

就读于长庚大学医学系七年级的古宇伦正在高雄长庚医院妇产科实习，他说，实习医师平时跟主治、住院医师查病房，替病人处理任何不舒服状况，每月轮值十天夜班，偶尔主治医师会征求门诊病人同意，让实习医师跟诊。

“值夜班时若病人病情有变化，实习医师也要起床处理！”他说，睡眠中断很不好受，但想到病人更不舒服，心里就释怀了。

古宇伦说，一般病人都能接受实习医师的治疗，但癌症末期病患病情较紧张，往往上午状况还好，晚上便突然恶化。曾有家属因心情七上八下，迁怒质问在旁协助的实习医师，坚持要主治医师处理。

不过，实习医师的付出，病人也看在眼里。古宇伦说，有学长在实习期间，无微不至照顾病患，病人出院时不记得主治医师的名字，却对实习医师赞不绝口，甚至“预约”以后要指明挂他的门诊，让这位实习医师感动万分。

职场中的你，想过要以什么样的姿态去对待工作吗？当你对目前的工作不满意，当你对目前的工作感到厌倦，当你觉得目前的工作有太大压力，当你在为辞职还是深造而犹豫不决时……你想过调整一下自己的心态吗？想到过以一种实习生的心态去做目前的工作吗？

作为一名员工，在工作期间舍得投入，勤勤恳恳，善于学习，善于询问，这就能使自己在工作中有更大的收获。不管你的职位是高还是低，也不管你的能力是弱还是强，做事情都不能敷衍，都要勤勤恳恳，尽职敬业，是金子总会发光，而好的企业也不会长时间浪费人才。

弗兰克·帕特在做人寿保险推销工作之初，业绩平平。这时卡耐基先生的一句话点醒了他，卡耐基说：“弗兰克·帕特先生，你毫无生气的言谈怎么能使大家感兴趣呢？”于是，弗兰克决定以自己最大的激情来做推销员的工作。

有一天，弗兰克进了一个店铺，怀着极大的热情试图说服店铺的主人买保险。店主人大概从未遇到过如此热情的推销员，只见他挺直了身子，睁大眼睛，一直听弗兰克把话说完，而且最终没有拒绝弗兰克的推销，买了一份保险。从那天起，弗兰克的推销工作才真正开始。

毫无生气的语言，足以使得一个保险推销员业绩惨淡。每一件小事，都是能够影响我们工作成果的大事。一个对自己工作充满热情的人，无论在什么地方从事何种职业，他都会认为自己所从事的工作是世界上最神圣、最崇高的一项职业；无论工作的困难多大，或是对质量要求多高，他都会一丝不苟、不急不躁地完成它。

现实中许多人都会不可避免地遇到这样严酷的事实：即使不喜欢的工作，也必须长期、努力地坚持，因为很难改变什么。遇到这种境况，我们必须调整自己的心态，把它当做值得做的事去做，否则这份工作势必会成为我们的负担，长期下去将使心情压抑，甚至身心疲惫。但面对小事情时，我们也应该拿出百分百的精力，哪怕中间的过程很艰难，也要饱含激情，攻克一切困难。

实习生心态是一种神奇的力量，它是激情与动力的源泉！实习生心态潜在的价值往往超越金钱，有了这种心态就能战胜许多的困难……如果你失去了实习生心态，那么你永远不可能在职场中立足和成长，永远是离高薪最远的员工之一。

善于补位，出现在最需要的位置上

在工作中，我们经常会听到这样的抱怨：

"老板，我的专职工作是搞设计，您让我多干些别的，那可是分外的事啊！要么给我奖金，要么我不干！"

"加班，加班，怎么老有干不完的活儿？真是烦死了！"

"算了，不是我的事儿，我才不管呢！"

“千万别多揽事，工作中，多一事不如少一事，干得多，错得多，何苦呢？”

如果你真的有这样的情形，那么，这可是一件非常糟糕的事情!

因为在企业中，职能的闲置或重叠，分工没有落实好，都会导致缺位、错位的现象。有时做一件事需要得到他人的协助，如果分工没有做好，别人可协助也可不协助，那么要做的这件事就很难做了。在这时，如果没有一位员工懂得补位，那么就很有可能出现等待、停滞等现象，这样就会在很大程度上降低工作效率。

一个有自觉精神的员工也应当是一个善于补位的人。在没人愿意补位的时候，他们不用老板吩咐总能出现在最需要的位置上。

艾伦是一个公司的速记员，一个星期六的下午，同事们约好了去看球赛，这时公司的一位律师走进来问艾伦，去哪儿能找到一位速记员来帮忙。艾伦告诉他，公司所有速记员都看球赛去了，如果晚来5分钟，自己也会走了。艾伦又说：“球赛随时都可以看，工作第一，让我来帮你吧！”

律师问艾伦应该付多少钱给他，艾伦开玩笑地回答：“哦，既然是你的工作，大约1000美元吧。换了别人，我就白帮忙。”律师笑了笑，向艾伦表示谢意。

艾伦确实是在开玩笑，他早就把1000美元的事忘得一干二净。但在六个月后，律师却支付给他1000美元，还邀请艾伦到自己公司工作，薪水比现在高一倍。

社会在发展，公司在成长，个人的职责范围也随之扩大。不要总是以“这不是我分内的工作”为由来逃避责任。当额外的工作分配到你头上时，不妨视之为一种机遇。

如果不是你的工作，而你做了，这就是机会。有人曾经研究为什么当机会来临时我们无法确认，因为机会总是乔装成“问题”的样子。对于一个自觉的员工而言，公司的组织结构如何，谁该为此问题负责，谁应该具体完成这一任务，都不是最重要的，在他心目中唯一的想法就是如何将问题解决，而正因为这单纯的想法，也使得他们更快受到老板的重视。

当然，在工作中做到补位，除了当别人不愿意做，我们能主动补位外，在别人做不了时，我们也要懂得毛遂自荐，把工作做好。

曼斯是德国一家工厂的普通技术人员，有一次工厂的电机突然坏掉了，全厂停电，一大帮技术人员围着电机团团转，就是找不出毛病，他们使尽了浑身解数仍未能解决问题。正当老板打算另请高明时，曼斯毛遂自荐。

许多人都瞧不起他。厂长也带着一种怀疑的口吻问道：“你几天能修好？”

曼斯想了想，说：“三天时间吧！”问他用什么工具，他说只用一把小铁锤、一支粉笔就行了。

白天，他围着电机转悠，这儿看看，那儿敲敲，晚上，他就睡在电机房。到了第三天，人们见他还不拆电机，不禁怀疑起来，他的同事劝他别打肿脸充胖子了。但是，曼斯并没有放弃。当天晚上，曼斯让人们搬来梯子，他爬到电机顶上，用粉笔在一处地方画了一个圈，说：“此处烧坏线圈了。”

技术人员半信半疑地拆开一看，果然如此，电机很快就修好了，并恢复了正常运行。

厂长觉得这是一个难得的人才，于是决定给他1万元的奖金，并从原岗位升任技术部顾问。

做出一些人们意料之外的成绩来，多解决一些工作中的实际问题，不管它们是自己分内还是分外的事——这会让你更快地走向成功。

每一个员工要想纵横职场，取得成功，除了尽心尽力做好本职工作以外，还要懂得会“补位”，多做一些分外的工作。这样，不仅可以让你时刻保持斗志，在工作中不断地锻炼自己，充实自己，还可以让你拥有更多的表演舞台，让你把自己的才华适时地展现出来，引起老板的关注。

我们现在所做的工作，都是在为将来做准备，只有树立起补位意识，才能够把今天的每一份工作当做是锻炼自己的机会，从而为明天的成功积累更多的资本。

看足球比赛，我们会发现，最优秀的射手就是最善于捕捉战机的人，他们总能在正确的时间出现在正确的位置上。优秀的射手都是会跑位的人。同样，一个最受企业欢迎的员工也应当是一个善于跑位的人，无论在什么时候，不用老板吩咐，他们总能出现在最需要的位置上。

我们的工作就和一场足球比赛一样，任何时候都可能有意外情况发生，这时候，积极主动的员工就要有想他人所未想的精神，随时有补位的意识。一个能够随时应对工作中可能出现的问题的员工，一定会成为老板最需要的员工。这样的员工不会把问题留给老板去解决，自然会得到老板的赏识和重用。

主动请愿，解决别人“绕开”的问题

在老板的工作日程表上，常会出现一些毫无新意的工作，由于这些工作不会为员工的业绩增加亮点，所以所有人都不想做。但是工作总是要有人来做的，这时，如果你能摒弃“避之唯恐不及”的消极心态，主动请愿，甘愿做这些“最傻”的工作，结果会怎样呢?

泰克·特里是在休斯敦某电视台工作的初级广告销售代表。作为一名刚进入此行业的年轻非裔美国人，在竞争如此激烈的情况下，他明白自己必须比其他同事更加努力工作才能获得成功。现在，他看到了一个机会，台里需要有人来负责销售政治类广告，他发现自己在邮政大学学习期间从事的与华盛顿政治相关的外围工作对此会很有帮助，于是，他主动请缨接下了这个烫手山芋。

要知道，台里几乎没有什么人是完全能胜任这个职位的领导工作的，当然特里也不例外。他刚接手时心里也有点发虚，但他却看到了这个领导岗位的空缺并且明白自己接手的话可以丰富这方面的宝贵知识与技能，并能在此领域脱颖而出。如今，他的业务和仕途双丰收，自己不仅成了负责高端商业客户的高级销售经理，而且还成了老板眼中的大红人。

在当今这个竞争激烈的社会，企业要想生存，必须经历种种磨难，这就需要那些能够挺身而出，为企业、为领导排忧解难的员工。

在组织中，一个成熟的员工，应该以一个主动者的心态来工作。因为站出来可能面对的是困难，甚至是生命的威胁，这就需要我们有胆识和勇气。如何才能具备主动请愿的胆识和勇气？这是在日常的积累和锤炼中得来的，因为历练所以有了胆识和胸怀。

从另外一个角度来讲，领导喜欢勤快、办事利落又会来事的下属。对于肯做肯干、不斤斤计较、懂得不让浅显和琐碎的问题烦扰老板的员工，老板往往印象深刻。特别是在老板工作触礁，迫切需要帮助的时候，如果你能挺身而出，危难时刻施以援手，一旦他的难题获得解决，你在他心目中的地位会更为重要。

飞机上发生了这样一件事情，一个年轻的空乘不小心把水洒在了旅客的身上，旅客穿着湿乎乎的衣服当然非常难受，自然就开始发火，质问这名空乘是怎么回事。

看到旅客的愤怒之后，这名年轻的空乘更加紧张了，她其实很想用毛巾给旅客擦拭一下，但是又害怕旅客更严厉地呵斥，所以，就很客气地对顾客说："先生，对不起，刚才我不是故意的。"

听到空乘说自己不是故意的，这让旅客更加生气了，他直接开始发脾气，说："我穿着湿乎乎的衣服有多难受，你一句不是故意的，我是不是就该老老实实地受罪？"

这时，年轻的空乘又开始道歉，可是这时候说什么，这名乘客也听不进去了，他的心情越来越糟糕，并且扬言一定要投诉这名空乘。

这时候，另外一名空乘看到当下的情况，并没有因为惧怕顾客的指责而躲起来，而是马上快步走了过来，主动尝试帮助同事化解这个情况。她俯身对旅客说："先生，真对不起，把您的衣服弄湿了，这是我们工作的失误，您先消消气，我可以帮您擦一下湿衣服吗？"

然后，这名有经验的空乘马上对旁边惹祸的空乘说："你去帮我拿块热毛巾，先给乘客擦一下。"年轻的空乘马上转身离去，快步去取毛巾。看到两名空乘已经有了具体的补救行动，这名旅客愤怒的情绪慢慢地平息了，毕竟他不能对着一个代人受过的乘务员发脾气。他也明白眼前这个殷勤的乘务员并无过错，而是关键时刻站出来，帮助自己的同事解决工作中出现的问题。

后来乘务长得知此事后，在旅客下飞机时没有像从前一样和旅客道别，而是亲自来给这名旅客道歉说："对不起，今天给您的旅途添麻烦了。"这时候的旅客不但不生气，还笑着说："我发脾气也不对，谢谢你们周到的服务！"

就这样，一件看上去很棘手的事情，在那位空乘的调解下圆满解决了，并且为集体赢得了服务周到的美誉。

要想成为一名优秀的员工，就必须具有积极主动的品质，这种积极主动不能仅仅局限于一时一事，你必须把它变成一种思维方式和行为习惯。

我们何不尽力去找一些“傻”工作来做，不要像躲避瘟疫一样躲避苦难！一位著名的企业家说过：“除非你愿意在工作中超过一般人的平均水平，否则你便不具备在高层工作的能力。”优秀而卓越的员工总是在寻找那些看似受苦、受罪又琐碎的活儿，他们总能跟老板或跟同事关注一个视角，抱定一个目标，坚守一个信念。正是这种姿态成就了他们奋斗拼搏的进取心和不断高涨的积极性。只有时时处处表现出你的主动性，才能获得机会的眷顾，并最终取得成功。

积极参与，为公司发展献计献策

人作为一种社会性的存在，每个人都有乐于参与的天性，没有人喜欢封闭自我。对于大多数人而言，能够参与某个自己重视的事情比分享成果还令人兴奋。“开放式创新”是新近的一种创新理念，它就是一种利用人人参与的方式来促进企业创新的机制。宝洁的创意市集网站就是一个开放式创新的典型例子。

在宝洁的创意市集网站上，有将近12万位科学家与工程师注册。由于便于参与，这一网站为宝洁带来了许多意想不到的创新。“参与”的价值越来越凸显，在企业设计经营模式时，最重要的关键点之一是加大参与度，具体做法包括：如何让产品或服务变成可参与的，如何通过各种创新手段减少参与的障碍，如何打破头脑中的边界限制，以及如何把更多的人或机构吸引进来。

在宝洁公司的内部网络上，设计了一个“问我”功能，可以连接到全球一万个技术人员。因此如果某人有一个问题或某种需要，他们可以通过这个功能直接与相关领域专业人员联系。宝洁在研发社区里围绕专业技术领域建立了21个实践子社区，像聚合体化学家社区，生物学家社区等，这些社区成为了一些特定知识的大本营。

“通过这些网站与外部发明家建立联系，买下合适的创新方案，与供应商在创新方面合作，把它们看做是自己实验室的延伸。”宝洁公司的管理人员如是说。

同样，在福特公司，全员参与管理也是它在职工管理方法中最突出的一点。福特公司赋予了职工参与决策的权力，缩小了职工与管理者的距离，职工的独立性和自主性得到了尊重和发挥，积极性也随之高涨。“全员参与制度”的实施激发了职工潜力，也为福特公司带来了巨大的效益。

实践证明：一旦劳动力参与管理，生产效率将成倍提高，企业的发展将会获得强大的原动力。同时，这种职工参与管理制度，在某种程度上缓和了劳资间势不两立的矛盾冲突，改变了管理阶层与工人阶级泾渭分明的局面，大大减轻了企业的内耗。

微软公司有一个非常好的文化叫“开放式交流”（Open communication），电子邮件系统为微软公司职工之间的交流提供了最大的方便，这样既有利于消除隔阂，又能统一步调，这是微软公司在人员管理上的一大创新。比尔·盖茨坚信“群众的智慧”这一理念，它要求所有员工在任何交流或沟通的场合都必须敞开心扉，完整地表达自己的观点。如果大家意见不统一，微软要求员工一定要表达出来，而不是故步自封，否则公司可能会犯错误。

宝洁、福特、微软公司这些世界级的企业成功的经验告诉我们，公司的发展靠每个人的积极参与来推动。全员参与是许多公司成功的秘诀，每个人都可以因为自己的建议和行动带给公司积极的变化。作为公司的一员，我们应当时刻提醒自己要积极参与公司的工作，为公司发展献计献策。

为公司发展献计献策是员工参与企业经营的一个积极表现，它不只是起到“好产品、好主意”的作用，而且还是发动员工参与管理、促进上下沟通的良好形式。

1. 将“领导下命令”与“员工提建议”结合

一个企业要兴旺发达，单靠领导下命令是不够的，必须要与员工提建议相结合。日本企业千方百计地启发、引导和组织员工提建议，要求员工在家中、车上时都要想问题，他们把合理化建议说成是“把干毛巾再拧出一把水来”。通过合理化建议运动，企业调动了广大员工参与企业管理的积极性和主动性，不仅增强了企业员工对企业的感情，而且增强了企业员工的向心力和凝聚力。

2. 推磨子不如打碾子，干活儿不如想点子

巧干是落实责任的最佳方法。这就要求我们既要有狼的勇敢，还得有狈的鬼点子，另外还要有发散思维。当我们在落实责任的过程中遭遇困境时，要用发散思维多想出一些好的解决方法。

Who Are You Working For?

第九章

借口放大失败，方法催化成功

抛弃“如果”的口头禅

凡事全力以赴

善假于物是聪明人的成事之道

人无我有，人有我新，人新我变

分清轻重缓急，设计优先顺序

提高工作效能的七个思维方法

抛弃“如果”的口头禅

面对种种不如意，我们总是有意无意地为自己找借口。于是，由此衍生了两类员工：一类喜欢以“如果”作为口头禅的开头，“如果当初我不这样就好了”“如果当初我那样做就好了”“如果我有这样一个上司就好了”；一类喜欢以“如何”作为自己的标签：如何克服工作中的困难，如何提升自己的工作能力，如何把事情干得更漂亮。

爱说“如果”的人总是把失败的原因归到他人身上，他们往往抱怨自己的机会少，怀才不遇，甚至是命运不公，却从不在自己身上找原因。说“如何”的人不会把大量的时间浪费在没有意义的抱怨声中，他们把用来抱怨的时间节省下来以解决问题。

一家建筑公司在为一栋新楼安装电线。在一个地方，他们要把电线穿过一条20米长，但直径只有3厘米的管道，而管道砌在砖石里，并且拐了五个弯。他们开始感到束手无策，显然，用常规方法是无法完成任务的。

后来，一位爱动脑筋的装修工想出了一个非常新颖的主意：他到市场上买来两只白鼠，一公一母。然后，他把一根线绑在公鼠身上，并把它放在管子的一端。另一名工作人员则把那只母鼠放到管子的另一端，并轻轻地捏它，让它发出吱吱的叫声。公鼠听到母鼠的叫声，便沿着管子跑去找它。公鼠沿着管子跑，身后的那根线也被拖着跑。因此，人们很容易地把那根线的一端和电线连在了一起。就这样，穿电线的难题顺利得到解决。这位爱动脑筋的装修工也因此受到了同事们的喜欢和老板的嘉奖。

成功的秘诀不在于说“如果”，而在于“如何办”。“如何办”即在用大脑想方法，用智慧去工作。我们在工作时，不能一味地等靠，更要用脑子去想“如何办”。不管工作有多忙多困难，都要在必要的时候停下来好好想一下，而不要觉得事情就是这样了，再怎么努力也没办法了。你只有在工作中主动想办法解决困难，坚持不懈，不找任何借口，才能成为市场经济中最受欢迎的人。

“如何办？”或许我们每个人都应该这样问自己。如果不能事事都想“如何办”，恐怕很难在职场中获得更大的成功。成功向来偏向那些找方法解决问题的人，而不是用借口逃避问题的人。

这里，给那些习惯于说“如果”的人一些改善的方法：

1. 不纠缠于“如果”，多想想如何做

从危机中寻找可以利用的商机，在失利中寻找契机，从而使自己反败为胜。只要思路再灵活一些、方法再得当一些，每个人都有可能成功，但有时就差这么一点点火候，把握好时机，你便走到别人的前面了。

2. 用脑袋想办法

每个人都在想尽一切办法来解决生活中的问题，最终的胜利者也将是善于寻找新方法的那部分人。

有的时候，我们可能面临无法解决的问题，但如果我们适时改变一下思路，就有可能找到方法，从而获得成功。

世界上永远只缺方法，不缺借口，成功者绝不会讲“没有办法”，在困难面前不屈服，然后才能积极寻找到好方法。

凡事全力以赴

职场中，我们遇到什么事情，接收到什么任务，大多数人的第一反应会是“难”，总以各种理由推诿，在潜意识中有意无意地增加了处理事情的难度，从而带来了负面的心理影响，人没有了自信，便谈不上竭尽全力，更谈不上成功。

泰山巍峨高耸屹立云端，站在山脚下仰视，我们感叹“登顶太难”，是的，要领略“一览众山小”的壮观美景，你除了要有征服泰山的信念，更要付出超长的体力与耐力以及面对经历不怕流血的现实，这就是全力以赴。

全力以赴，是一种精神，一种积极行动，奋力向前的精神；全力以赴，是一种态度，一种不计报酬，不畏艰难，不找任何借口，倾其全力去完成任务的态度。要想获得成功，仅仅尽力而为还不够，你还必须全力以赴。因为成功偏爱那些不找借口，全力以赴的人，做事全力以赴的人获得成功的概率要大得多。

美国前总统吉米·卡特在海军服役的时候，曾经申请参与核动力潜艇计划。那时候负责这个计划的是海军上将海曼·里科弗，他的标准严厉以及要求之高在军中无人不知。吉米·卡特那时候必须和这位传奇色彩浓厚的将军面谈，只要是跟这位将军面试过的申请者走出大门时，都是满脸的疑惧，显然是被吓坏了。但是要想获得录取，就得先过了海曼·里科弗这一关。

吉米·卡特回忆说，在他和海曼·里科弗上将的谈话过程中，将军大多让他自由发挥，挑他自己比较熟悉的话题谈。不过将军问他的问题越来越难，而且都是吉米·卡特不怎么熟悉的领域。

就在面试即将结束的时候，将军问他："你在军校里的成绩怎么样？"吉米·卡特非常骄傲地回答说："我在820名的学员当中排名第59。"他满心以为将军会对这样的成绩表示赞赏，没有想到将军却说："看来你没有全力以赴。"

吉米·卡特起初想回答说："不，我尽了全力。"但是后来他想了想，其实在盟邦、敌人、武器以及战略等领域的认识上，他都还有加强的空间，因此后来他回答说："是，我不是一直都如此全力以赴。"

海曼·里科弗上将盯着吉米·卡特看了一会，然后转身表示面试结束，不过他丢了一个问题给吉米·卡特："为什么不？"

海曼·里科弗上将是不是太过严厉了？他对年轻的海军是否要求太高？他的期望是否不切实际呢？吉米·卡特可没想这么多，海曼·里科弗上将那天所说的话令他毕生难忘。好多年之后，吉米·卡特索性以这句话作为他的新书标题：《为什么不出类拔萃》。

当我们能够尽自己的努力去追求结果时，我们所得到的收获可能会很多。相反，看起来也在做事，可是不停地找借口敷衍事情，就很难获得太多。这就是结果意识所造成的差距。稻盛和夫曾说："全身心投入工作就会产生创意。"他认为，面对工作，我们要选择的态度是聚精会神，全身心地投入。只要进入了拼命努力的状态，你就会积极思考改进工作、提高效率的方法，这样我们的每一天都会充满创意。

在社会迅猛发展的今天，我们面对的工作难度日益增大，因此我们有责任有义务努力干好本职工作。我们没理由从一开始就说它难办，这是坚定信念、战胜困难的基石，抛开想象中的困难，把工作做好，当你竭尽全力攻克了一个个棘手的困难后，必将收获快乐，还有鲜花和掌声，我们活着的意义不就是为了更好地证明自己吗？倘若我们总是被困难吓倒，那么社会不可能进步，人类也不可能发展，充其量我们只是一群活着的行尸走肉。

善假于物是聪明人的成事之道

荀子说：“假舆马者，非利足也，而至千里。假舟楫者，非能水也，而绝江河。”荀子有“君子性非异也，善假于物也”的东方智慧，牛顿也有“踩在巨人肩膀上”的西方智慧。这两种智慧交融在一起，就能说明一个道理：个人的成功，必须借助于他人的力量，这是聪明人常用的成事之道。

成功的人都有一种特长，就是善于观察别人，并能够吸引一批才识过人的朋友来合作，激发共同的力量。这是他们最重要的也是最宝贵的经验。

在日本从事寿险的从业人员，很多人不一定知道别家寿险公司总经理的大名，但谈到原一平却无人不晓。原一平虽已过世多年，但他自四十五岁起，一直保持十五年全国业绩第一的纪录，早已传为美谈。

他曾公开在自己的奋斗史中说，他的成功有百分之八十，要归功于良师益友的提携和栽培。原一平提到成就他一生的良师益友分别是：吉田胜逞和尚、阿部章藏常董、小泉信三校长、作腾道海和尚等。

他在书中这样说：“他们教导我如何认识自己、改造自己、喜欢自己和抑制自己，怎样有效地把自己推销出去。我认为这些课题非常深奥，即使穷毕生精力学习，也未必能真正一窥堂奥。但是，他们简单的几句话给我的启示，常常让我茅塞顿开，获益良多。”

由于原一平肯下苦工夫“借镜”学习，做人做事的技术不断与时俱进，因此业绩扶摇直上，从四十五岁开始，就写下了连续十五年全国寿险业绩冠军的纪录。

借鉴别人的智慧，并不是要你放弃自己。你要相信，今天的李嘉诚、比尔·盖茨等，并不是靠一个人的力量成就辉煌的，他们一定也遇到了人生中重要的良师益友。可以说，每个成功者的背后，都有很多人的帮扶。想要跨越生命中的障碍，突破过去的自己，除了懂得坚持，还需要有化水为风的智慧与勇气。生命中总是充满着无数的未知，强渡人生所有的关卡，必定撞个头破血流，惨烈狼狈。借助别人的智慧，从容走过沙漠，一样也能成就自己。

在现实生活中，如果能灵活地“假于物”，利用他人的优势弥补自己的不足，就可以把别人的优势变成自己的优势，把别人的力量变成自己的力量，从而加大自己成就事业的速度和力量。

犹太人之所以能在商界和科技界有众多的成功者，就是因为他们普遍都具有善于借助别人之智的本领。

犹太人密歇尔·福里布尔经营的大陆谷物总公司能够从一间小食品店发展成世界最大的谷物交易跨国企业，主要因其善于借助先进的通信科技和大批懂技术懂经营的高级人才。他不惜成本，不断采用世界最先进的通信设备，宁肯付出极高的报酬请有真才实学的经营管理人才到公司工作。因此，他的公司信息灵通，员工操作技巧高超，竞争能力总是胜人一筹。他虽然付出了很大代价才取得这些优势，但他借用这些力量和智慧赚回的钱远比他支出的大得多，可谓“吃小亏占大便宜”。

一个初入社会的人，需要寻求他人的帮助，借他人之力，方便自己。即使你已经具有很强的能力，也需要别人的帮助。因为就算我们浑身都是铁，也打不了几根钉。只有借助于他人的能量，我们才能“成材成器”。

借助别人的力量壮大自己的力量，能够有效地完成自己的任务，起到事半功倍的效果。他山之石，可以攻玉。作为一名现代社会中的人，在拓展自己的人脉时，要能做到取长补短，广交友。我们不应过分计较他人身上的缺点，不应计较他人的身份、辈数、阅历等，而是应多看看别人的优点和专长，在需要时，把别人的优点和专长拿来为己所用，既弥补了自身能力的不足，又为自己事业的发展铺平了道路。

每一个职场达人，都是一个善假于物的高手。只要你向他们学习，照着他们的方法去做，采取同样的行动，相信你一定能够达到相应的高度。

人无我有，人有我新，人新我变

每天都有许多人碰壁，他们都在用千篇一律的运作方式，转着程序化、机械化的大脑。其实，一点小的改进，一种新的方式，就会让自己与众不同。

一个好点子胜过千万张订单。思路有限，创意无限。市场不景气，员工要争气，只要肯争气，就一定会出现奇迹。

我们在工作中常会遇到资源匮乏，淡季来临等种种问题，但只要我们肯动脑、善创新，激发脑中的无限创意，就一定能够突破困境，找到新的机遇。

智利有一家餐厅，除收款人与厨师外，一律使用动物服务员。顾客刚进餐厅，门前就有两只鹦鹉分别用英语、法语、西班牙语向顾客问好。然后，一只金丝猴热情上前，为顾客脱下外套并挂在衣帽钩上。顾客落座之后，一只温顺的长耳犬立刻嘴叼菜单迎上来，恭请顾客点菜。紧接着，两只身材高大、腰系围裙的长毛猴就会把美味的饮料与食品依次送上。等到顾客用餐完毕，金丝猴还会把客人的衣帽送还，并递上一个银盘，礼貌地索取餐费。

这是一种非常独特的服务，由于这是绝无仅有的一家，客人接踵而至且源源不断，钞票也随之滚滚而来。敢于在“新”字上做文章的人，一定会赢得盆满钵满。

智慧是推动企业发展的主要动力，是一种重要的生产力。举例来说，一个好的方法如果用在一个人身上，可以提高一个人的工作效率和业绩；如果用在了整个公司身上，就能够产生巨大的效益和生产力。

石油大王洛克菲勒有句名言：“如果你想成功，你应辟出新路，而不要沿着过去成功的老路走……即使你们把我身上的衣服剥得精光，一个子儿也不剩，然后把我扔在撒哈拉沙漠的中心地带，但只要有两个条件——给我一点时间，并且让一支商队从我身边经过，那要不了多久，我就会成为一个新的亿万富翁。”你想迅速成功，就要敢于求新、立新、创新，而不是囿于经验，囿于成见，囿于世故。

一家公司的贸易业务很忙，往往是上午对方的货刚发出来，中午账单就传真过来了。随后就是快寄过来的发票、运单等。会计的桌子上总是堆满了各种讨债单。

讨债单太多了，都是千篇一律地要钱，会计常常不知该先付谁的好，经理也一样，总是大略看一眼就扔在桌上，说：“你看着办吧！”但有一次却马上说：“付给他。”这是仅有的一次。那是一张从巴西传真来的账单，除了列明货物标的、价格、金额外，大面积的空白处写着一个大大的“SOS”，旁边还画了一个头像，头像正在滴着眼泪，简单的线条，但很生动。这张不同寻常的账单一下子引起会计的注意，也引起了经理的重视，他看了便说：“人家都流泪了，以最快的方式付给他吧！”

经理和会计心里都明白，这个讨债人未必真的在流泪，但他却成功了，一下子以最快的速度讨回大额货款。因为他多用了一点心思，把简单的“给我钱”换成了一个富含人情味的小幽默、小花絮，仅此一点，就从千篇一律中脱颖而出。

可见，用心，有“新”，“辛”苦少了，“薪”水多了。职场中，成功人士的聪明之处在于：他能从平常处见别人之所未见，想别人之所未想，“人无我有，人有我新，人新我变”，是他成功人生的圭臬。

分清轻重缓急，设计优先顺序

上帝最公平的地方，就是赐给每个人相同的时间——一天24小时。很多人抱怨时间不够用，却很少去追究为何如此。

当你面临很多的工作，不知如何着手时；当你耗尽全部精力，工作效率仍然提不上去时；当你为花了太多的精力做没多大意义的事而懊悔不已时，我们应该反思自己是不是将精力放在最具“生产力”的事情上。“眉毛胡子一把抓”，最终的工作成效只能用“折腾”概括。

“分清轻重缓急，设计优先顺序”，优秀员工都是以分清工作主次来统筹安排精力和时间，把有限的精力和时间用在最具有“生产力”的地方的，这是他们比别人更优秀的奥秘所在。

如果一个人解决问题不懂得从重点问题入手，就等于没有主要目标，那么他做起事来的效率必然会十分低。相反，如果他抓住了最具“生产力”的主要矛盾，解决问题就变得容易多了。

查尔斯是一个具有重点思维习惯的人。他于1970年加入了凯蒙航空企业从事业务工作，3年后，美国西南航空企业出资买下了这家企业，查尔斯先后担任了市场调研部主管和企业经理。他由于熟悉业务，并且善于解决经营中的主要问题，使得这家企业发展成北美第一流的旅游航空企业。

查尔斯的经营才能得到了企业高层领导的高度重视，他们决定对查尔斯进一步委以重任。航联下属的一家国内民航企业购置了一批喷气式客机，由于经营不善，连年亏损，到最后就连购机款也还不起。1978年，查尔斯调任为该企业的总经理。担任新职的查尔斯充分发挥了擅长重点思维的才干，他上任不久，就抓住了企业经营中的问题症结：国内民航企业所订的收费标准不合理，早晚高峰时间的票价和中午空闲时间的票价一样。查尔斯将正午班机的票价削减一半以上，以吸引去瑞典湖区、山区的滑雪者和登山野营者。此举一出，很快就吸引了大批旅客，载客量猛增。查尔斯任主管后的第一年，国内民航企业即扭亏为盈，并获得了丰厚利润。

查尔斯认为，如果停止使用那些大而无用的飞机，企业的客运量还会有进一步地增长。一般旅客都希望乘坐直达班机，但庞大的“空中巴士”无法满足他们的这一愿望，尽管DC-9客机座位较少，但如果让它们从斯堪的纳维亚的城市直飞伦敦或巴黎，就能赚钱。但是原来的安排是DC-9客机一般到了哥本哈根客运中心就停飞，旅客只好去转乘巨型“空中客车”。查尔斯把这些“空中客车”撤出航线，仅供包租之用，开辟了奥斯陆——巴黎之类的直达航线。

与此同时，查尔斯的另一举措也充分显示了他的重点思维能力，这就是“翻新旧机”。当时市场上的那些新型飞机引不起查尔斯的兴趣，他说，就乘客的舒适程度而言，从DC-3客机问世之日起，客机在这方面并无多大的改进，他敦促客机制造厂改革机舱的布局，腾出地盘来加宽过道，使旅客可以随身携带更多的小件行李。查尔斯清楚他手下的飞机已使用达14年之久，但是他声称，秘诀在于让旅客觉得客机是新的。西南航空企业拿出1500万美元（约为购买一架新DC-9客机所需要费用的65%）来给客机整容，更换内部设施，让班机服务人员换上时尚新装。靠着那些焕然一新的DC-9客机，招徕越来越多的旅客，当然，滚滚财源也随之而来。

查尔斯是善于重点思维的典范。成功人士遇到重要的事情时，一定会仔细地考虑：应该把精力集中在哪一方面呢？怎么做才能使自己的人格、精力与体力不受到损害，又能获得最大的效益呢？把精力集中在重要问题上，从重点问题上寻求突破，是高效能人士的一项重要习惯。

那些有成就的人都已经培养出一种习惯，就是找出并设法控制最能影响自己工作的重要因素。这样一来，他们比起一般人来就会工作得更为轻松愉快。因为他们已经懂得秘诀，知道如何从不重要的事实中抽出重要的事实。

当我们将自己的精力放在最具“生产力”的事情上时，我们会豁然发现自己的工作效率竟是如此之高，工作状态竟是如此轻松。当看到周围的人还在无效率的工作中“折腾”时，我们已经成为高效能人士了。

许多人之所以整天忙忙碌碌，原因就是没有将自己的精力放在最具“生产力”的事情上。那么如何才能避免自己费了精力却没有成效呢？

1. 在最有精力的时段做最重要的事

从时间管理的观点来看，要创造块状时间。在最有精力的时间段做最重要的工作，是提高时间利用率的秘诀之一。

2. 做最重要的、必须要做的事

许多人抱怨时间不够用，其关键原因是他们将事情的优先级别搞错了。必须做的事和想做的事不同，我们要把更多的时间用在做最重要的事上。

3. 抓住离你最近、最现实的目标

抓住离你最近的目标，你才有可能抓住效率的价值。太高的奢望和不切实际的目标，对我们而言是没有价值的。只有把握好最近、最现实的目标，付出才可能有回报。

提高工作效能的七个思维方法

思维方法，简单地说就是思路，思考问题的路线、途径。思考问题都要遵循一定的路线途径，也就是要运用一定的思维方法。碰到困难时，学会用正确的思维方法思考，往往很容易就能找到解决的方案。

没有绝望的形势，只有绝望的人。有时，善于打开传统思维的死结，或从事物本身存在的差异上考虑问题，就能找到解决问题的方法。

下面，我们简要地介绍几种常用的思维方法，供大家参考。

1. 系统思维法

一次，“酒店大王”希尔顿在盖一座酒店时，突然出现资金困难，导致工程无法继续下去。在没有任何办法的情况下，他突然心生一计，找到那位卖地皮给他的商人，告知自己没钱盖房子了。地产商漫不经心地说：“那就停工吧，等有钱时再盖。”

希尔顿回答：“这我知道。但是，假如总盖不下去，恐怕受损失的不只我一个人，说不定你的损失比我的还大。”

地产商不解。希尔顿接着说：“你知道，自从我买你的地皮盖房子以来，周围的地价已经涨了不少。如果我的房子停工不建，你的这些地皮的价格就会大受影响。如果有人宣传一下，说我这房子不往下盖了，是因为地方不好，准备另迁新址，恐怕你的地皮更是卖不上价钱了。”

“那你要怎么办？”

“很简单，你将房子盖好再卖给我。我当然要给你钱，但不是现在给你，而是从营业后的利润中，分期返还。”

虽然地产商老大不情愿，但仔细考虑，觉得他说的也在理，何况，他对希尔顿的经营才能还是很佩服的，相信他早晚会还这笔钱，便答应了他的要求。

为何希尔顿能够创造这种常人不可思议的奇迹呢?

就在于他妙用了一种智慧——系统智慧。其中最根本的一条，是他把握了与对方并不只是一种简单的地皮买卖关系，而更是一个系统关系——他们处于一损俱损、一荣俱荣的共同利益系统中。

2. 类比思维法

所谓类比，是从两个或两类对象具有某些相似或相同属性的事实出发，推出其中一个对象可能是有另一个或另一类对象已经具有的其他属性的思维方法。

类比思维具有举一反三、触类旁通的作用。类比思考往往都遵循这样三步：

（1）对现象的警觉，即“临机触动”；

（2）触类；

（3）旁通。

这三点在瞬间的合一，就是相似性的直觉。

3. 逆向思维法

工作中遇到困难时，如果能够避免与问题正面交锋，而采取逆向思维，从逆向入手来分析、解决问题，往往能取得意想不到的良好效果。

在工作中，更需要逆向思维，逆向思维可以创造出许多意想不到的人间奇迹。人们习惯于沿着事物发展的正方向去思考问题并寻求解决办法。其实，对于某些问题，尤其是一些特殊问题，从结论往回推，倒过来思考，从求解回到已知条件，反过去想或许会使问题简单化。

4. 逻辑思维法

逻辑思维法，就是根据事物的部分特征，靠逻辑推理揭示事物完全面貌的方法。

5. 发散思维法

发散思维是观察一个事物时，通过联想，将思路拓展开来，而不仅仅局限于事物本身的一种方法。这种发散式思维能够打破原有的思维格局，特别是对于创造者可提供一种全新的思考方式。

6. 平面思维法

什么是平面思维法呢？著名思维学家德·波诺的解释是：“平面”是针对“纵向”而言。纵向思维主要依托逻辑，只是沿着一条固定的思路走下去，而平面思维则偏向多思路地进行思考。为此，他打了一个通俗的比方：

在一个地方打井，总打不出水来。按纵向思考的人，只会嫌自己打得不够努力，而增加努力程度。而按平面思维法思考的人，则考虑很可能是选择井的地方不对，或者根本就没有水，或者要挖很深才可以挖到水，所以与其在这样一个地方努力，不如另外寻找一个更容易出水的地方打井。

“纵向”总是放弃别的可能性，所以大大局限了创造力；而“平面”则不断探索其他可能性，所以更有创造力。

在工作中，如果只在一条路上走，很容易会觉得路已经走绝了。但实际上，路的旁边也是路，而且条条都是新的路，只要善于开拓，就能引领你走向成功。

7. 侧向思维法

侧向思维是指思考问题时，不从“正面”的角度去考虑，而是通过出人意料的侧面来思考和解决问题。

Who Are You Working For?

第十章 老板不是“问题汇总站”：用结果交差

要“做事”，更要“做成事”

挂在墙上的计划是无效的

拿结果复命，而非拿问题请示

要有“一定赢”的结果心态

用正确而高效的行为确保结局圆满

磨刀不误砍柴工：准备为业绩提速

要“做事”，更要“做成事”

“以战果论英雄”，这也许会使许多人的努力看上去白费了，但历史就是按照这种法则在运转的，所谓“成者王，败者寇”，所以结果是对一个人能力的最佳评价。

“千金易得，一将难求”，企业的竞争归根结底是人才的竞争。每一个企业时刻都在寻找那些能够推动企业发展，为企业创造最佳业绩的员工。对于这类员工，企业也会给他们丰厚的待遇和良好的发展空间。

王光和张颐同时供职于一家音像公司，他们能力相当。有一次，公司从德国进口了一套当时最先进的采编设备，比公司现用的老式采编设备要高好几个档次。但是说明书是用德文写的，公司里没有人能看得懂。老板把王光叫到办公室，告诉他：“我们公司新引进了一套数字采编系统，希望你做第一个吃螃蟹的人，然后再带领大家一起吃。”王光连忙摇头说：“我觉得不太合适，一方面我对德语一窍不通，连说明书都看不懂；另一方面，我怕把设备搞出毛病来。”老板眼里流露出失望的神色。他又叫来了张颐，张颐很爽快地答应了，老板很高兴。

张颐接下任务后就马不停蹄地忙碌起来。他对德文也是一窍不通，于是就去附近一所大学的外语学院，请德语系的教授帮忙，把德文的说明书翻译成中文。在摸索新设备的过程中，他有很多不明白的地方，就在教授的帮助下，通过电子邮件，向德国厂家的技术专家请教。短短一个月时间下来，张颐已经能够熟练使用新的采编设备。在他的指导下，同事们也都很快学会了使用方法。张颐因此到了老板的赞赏。

以后，有了什么任务，老板总是第一时间找到张颐。因为他知道，张颐不会让他失望。

“创造良好的结果”，这正是检验优劣的标准，是证明能力的尺度。一个员工是否优秀，关键要看他所创造的价值，他是否能够像张颐一样解决好公司交给他的问题，把利益带给公司。

能不能做成事，解决好问题，是企业衡量一个员工价值的重要标准。你有多少解决不了问题的借口都没有用，对于决策者和你自己来说，解决问题的结果才是最需要的。

只要是工作，就会有问题出现，我们解决问题的能力越大，就越能体现我们的工作价值！如果我们面对问题，不是一味找借口逃避，而是积极主动地寻找方法，再难的问题也能解决。

某公司的人力资源部经理说：“工作简历中，唯有业绩这一栏是我最关心的，因为它代表了员工的真正价值。”不错，在职场上，不能创造业绩的人是无法获得老板的赏识的，自身也不可能得到丰厚的回报。任何华而不实的东西都不能给我们带来价值上的提升，要证明自己在职场上是一个有用的人，唯有创造出业绩，因为只有业绩才最有说服力。

乔飞宇失去工作后，生活一直处于低谷，但是自从他跟着娘舅学习擦鞋起，他的人生开始有了新的气象。他很快就迷上了这种工作，不仅跟娘舅学，还向其他好的擦鞋匠求教。日子一天天地过去了，乔飞宇的擦鞋技艺越来越精湛。他开创了自己的擦鞋方法：不用鞋刷，而用木棉布绕在右手食指和中指上代替，鞋油也是特制的。那些早已失去光泽的旧皮鞋，经他的手后无不焕然一新，光可鉴人。

他的精湛技艺很快受到了一家旧鞋修补连锁店的注意，他们将乔飞宇请到店里，为顾客擦鞋。乔飞宇来到这里之后，店里的生意直线上升，顾客络绎不绝。有时候，人们不是为了擦鞋而来，而是专门来欣赏乔飞宇无与伦比的技艺的，对他们来说，这无疑是一种享受。

凡是来过店里的顾客都深深记下了乔飞宇的名字。凭着自己炉火纯青的技术，乔飞宇赢得了众多顾客的青睐。他也自然成了店里的一块“金字招牌”，同时，他也为自己创造出了一份辉煌的业绩。半年后，他从前厅的普通员工升为店面经理。

乔飞宇的经历给我们这样一个启示：在这个以业绩论英雄的时代，不管你在公司的地位如何，不管你长相如何，不管你的学历如何，你想在公司成长、发展，实现自己的目标，就必须做出业绩来，只有这样，你的梦想才能得以实现。

只要你能创造业绩，不管在什么公司，你都能得到老板的器重，得到晋升的机会，因为员工创造的业绩是公司发展的决定性条件。

无论是从员工自身的成长考虑，还是从提升企业竞争力的角度来审视，结果都是关键所在。学识可以积累，资历可以叠加，但这些并不能说明你最终能为企业带来什么。只有实实在在的能力，创造出实实在在的结果，才能为你增添光彩。

挂在墙上的计划是无效的

所谓计划，是为了实现一定目标而指定的未来行动方案。从某种程度上来讲，计划是成功达到目标的重要保障。要想取得理想的结果，必须制订一份计划。

计划到结果是一个执行的过程，结果是按照计划执行到位的表现，如果执行不到位，或者不执行，再好的计划也是一纸空言，达不到预计的结果。

因此，对于企业而言，没有失败的计划，只有失败的执行。企业的高层管理者无论制订了什么样的计划，一般都有实现的可能，而更为重要的工作就是怎样把握这种可能，怎样将这种可能变成现实。所以，对企业高层而言，制订计划只是长征的开始，其更大的精力应该放在怎样保障计划的执行上，执行才是更为严峻的考验。

有一家企业因为经营不善而年年亏损，最后濒临破产的境地。后来这家企业被一家大型财团收购。企业所有的人都在翘首盼望大企业能带来什么先进的管理办法，从而摆脱困境。出乎意料的是，收购后，制度没变，人没变，机器设备没变。

收购方就一个要求：把先前制定的制度坚定不移地执行下去。结果不到一年时间，企业就扭亏为盈了。

很多企业，有完善的管理制度，有先进的技术、高素质的员工和正确的战略方针，但是为什么效益就是不够理想？原因就在于当一道道命令下来，要么拖延没有具体的执行；要么在执行的时候只对过程负责而流于形式，而不对结果负责——这都不是优秀的执行。再好的战略如果得不到执行，它就不可能转化为经济效益。

即使制定了一个“好”的战略，如果企业没有应有的执行力，那也是枉然；而即使制定了一个“一般”的战略，如果企业具备超强的执行力，能把一切做到最好，那它也将取得成功！在对一个创新型业务进行评估时，如果过分地考虑市场调研数据，按照传统思维评判，这些创新就不可能、也不应该进行。

不管拥有多么好的战略，没有落实到位就是纸上谈兵；不管多么好的产品，不能让消费者接受就没有任何意义。只有认真执行才能让战略落地、让产品被消费者接受。在商场上，执行永远是第一位。一支部队、一个团队或者是一名战士或员工，要完成上级交付的任务，就必须具有强有力的执行力。只有行动起来，才有参与竞争的权力，只有执行到位，才有竞争的实力。

做计划要瞅准目标，以结果为导向，否则再好的计划也是空谈。制订正确的工作计划应注意以下几点：

1. 以结果为导向

落实计划的效果在于结果。因此，一切口号、目标、倡议都不是落实，真正的落实不仅要付出行动，更要取得成果。任何一个伟大的决策、目标除非能转换为具体的行动步骤，否则毫无意义可言。

2. 抓住问题的关键

爱因斯坦说过：“将一个问题准确地界定，就等于解决了问题的一半。”解决工作中的各种问题，准确地界定问题，是解决问题的前提。

如果不能准确地界定问题，抓不住问题的关键，即使我们再努力打拼、奋力抗争，也可能不得要领、收效甚微。抓不住问题的关键，我们就只能盲目地从一个事务的旋涡进入另一个事务的旋涡，我们所有对事业的追求就只能在较浅的层次上蹒跚而行，永远也不可能进入人生发展的快车道。

只有有了一种对事物的透视力、一种一针见血的洞察力，我们才能透过种种的假象，抓住问题的关键，从源头上、根本上找到解决问题的办法。只有这样，我们才能取得成效，获得结果。

拿结果复命，而非拿问题请示

在工作中遇到问题是不可避免的，遇到问题该怎么办呢？很多员工的对策是把问题推给别人，他们有时会向同事请教，但更多时候是推给老板，他们做出一副苦恼的样子，把问题带进老板的办公室，然后低着头等待老板提出解决办法，等他们离开时，并没有带走问题，而是把问题留在了老板那里。

老板最关心的还是结果。作为一名优秀的员工，就应当认清自己的工作责任，做公司发展需要的事，把问题留给自己，把结果留给老板。

一位著名的企业家曾说：“职员必须停止把问题推给别人，应该学会运用自己的意志力和责任感，着手行动，处理这些问题，让自己真正承担起自己的责任来。”

全国劳动模范窦铁成只有初中文凭，但他凭借自己的努力，最终成长为新时期中国的“金牌员工”，被认为是现代产业工人的楷模。

在铁路电气和变配电施工的技术方面，窦铁成是“问题终端解决机”。有技术难题，大家只要拨打老窦的手机号码，难题往往迎刃而解。许多问题，他不需要去现场，只要听人讲解大概情况，就能很快找出“症结”所在。

窦铁成能练成这样“出神入化”的技术本领，与他的努力与刻苦是分不开的。他仅有初中学历，文化基础很薄，却自学掌握了大量电力学知识。60余本、百余万字的工作学习日记，是他孜孜不倦学习的见证。从一个普通的电工成长为知识性高级技师，其间付出多少努力也许只有窦铁成个人才能清楚。

一年，窦铁成参加浙赣铁路板杉铺牵引变电所施工工程。这个变电所是浙赣铁路规模最大、技术含量最高的变电所。施工过程中，变电所的变压器引入导线设计要求为铜板双导线，但国内没有这种产品，交工日期已经逼近，大家把目光投向了老窦。

在巨大的压力下，连续5个晚上，他在宿舍光着膀子写写算算，反复推敲。5天后，“简化结构，保证功能”的产品加工方案“出炉”：利用现场既有的铜排、铜螺栓等材料，加工制作出符合技术和功能要求的全铜间隔棒，完全达到技术指标。后来，该技术在900多千米的浙赣线电气化改造工程中迅速推广，节约成本4倍多。

老板要的是结果，员工必须拿着结果来复命。在工作中，员工考虑的问题应该是：老板想要的结果是什么样的？用什么样的方法能够达到老板想要的结果？窦铁成踏踏实实地把问题解决掉，把工作做到位，把节约成本的结果带给老板。

员工的职责就是拿出结果去复命。受命之后的执行，就应该产生相应的结果，无功而返就是徒劳一场，就是对人力成本和时间成本的损耗。执行过程中的问题仍然摆在那里，毫无成果，那就是员工的失职，这样的员工无法为企业创造价值，也无法得到企业的认可。

做出结果，意味着员工不能拿着问题去执行，又拿着问题回来复命。这就要求员工不仅要把上级的命令理解透彻，还要真正明白复命的含义，真正地能够为企业解决问题。

不把问题留给老板，这就意味着我们必须停止把问题推给别人。那么在日常工作中我们应该怎么做呢?

1. 要明确你该做什么

很多员工的表现是，除非领导明确地给他布置任务，平时不知道自己该干点什么，处于一种等、靠、要的状态，也就是人们常说的“眼里没有活儿”。这是一种极其被动的状态，是等人使唤的心态。为什么不自己主动复命呢?

2. 关注自己做到了什么

很多人只关注“我做了什么”，而不关注“我做到了什么”，他们只懂得统计自己的工作量，而不知道老板和公司真正需要的结果是什么。当然，他们也很难取得让老板满意的执行结果。

3. 看重贡献而不是回报

那些清楚自己的工作使命，把结果留给老板的员工比较看重贡献，他们会将自己的注意力投向公司及个人的整体业绩上，而不是自己的报酬和升迁上。

要有“一定赢”的结果心态

当有一天你的上司问你要某个结果时，你在执行前，不是考虑能不能成功，而是下定决心即使失败也要执行，关键是建立必胜的信心和决心，坚决贯彻执行决策，尽最大努力获得决策想要的结果。要树立“一定要实现”的决心，在结果面前，必须有“一定要赢”的心态，这也是企业获得重生的最强大的原始动力。

日产公司近年来获得了新生，但在2000年，全球汽车市场一片萧条，日产尼桑公司也陷入了困境。在法国有“营救大师”之称的卡洛斯·戈恩被公司高层空降到日产。

在戈恩的就职演说中，他面对日产公司的所有股东和员工，面对众多的新闻媒体，作出了一个惊人的公众承诺——“180”计划：“1-8-0”这三个数字分别代表了日产将实现的三个目标：截至2004年，全球销售量增加100万台，运营利润率达到8％，汽车事业净债务为0。该计划旨在实现日产的持续性、赢利性增长！

戈恩在演讲台上坚定地告诉所有人：“我要实现这三个目标，如果任何一点没有做到，我就出局！在这三个目标前，我没有说一个‘假如’：假如有了支持、假如经济环境良好、假如日元汇率降低……这表明我已经决定，并已经承担责任，这是我的承诺！”

戈恩说到做到，扭亏为盈，现在的日产就像变了一家公司！业界为之震惊，人们发现奇迹总是在这样的大师身上闪现，必然有其成功的方法和规律，于是很多人去请教戈恩。

有记者问戈恩，为什么在一上台之初就要坚定地锁定目标，不给自己后路？戈恩回答说：“人们喜欢结果，因为它简单，谁都能明白，谁都可以去衡量。”当我们给了对方一个结果承诺时，对方对我们的态度就会积极起来。

当众宣布要实现三个宏伟目标，不说哪怕一个“假如”，不实现结果就辞职！这就是戈恩成功的关键，在于一定要赢的结果心态。

我们应该向戈恩学习，从一开始就下定决心，一定要实现结果，不实现就辞职！这就是戈恩执行的逻辑！所有员工都要树立结果观念，完全抛弃找借口的心态，树立“一定要实现”的决心。在结果面前，必须有“志在必得”的决心！

这种“一定要赢”的结果心态，是指对他人的承诺，在限定时间内给出一个结果。它不是交差，而是要完成任务；不是做事，而是要创造价值。一个企业有没有追求结果的精神，工作状态会截然不同。有结果意识的，会主动请缨、接受任务、执行任务、完成任务；没有结果意识的，那就是推卸责任、制造麻烦、扯皮任务、推给上司、拖延时间、不了了之。

通过这个比较可以看出，以结果为取向是一种积极主动的执行文化，是一种源自内心的价值观，它所传达的理念，能够使工作者的思维模式发生巨大转变，从而使整个团队执行力高效提升。

2010年，从旅游学院毕业不久的林慧敏来到上海一家大饭店当接待员。参加工作不久，她就遇到了一个棘手的问题。

那天，一位来自德国的客人焦急地向值班经理反映：他要去成都签订合同，但是没有买到机票。如不能及时赶到，将造成很大的损失。

酒店的老总当即安排林慧敏和另外一位老接待员解决这一问题。她们一起到民航售票处，向民航的售票员介绍了有关情况，希望民航能够帮忙解决这一问题。

售票员的回答是：“对不起，我也无能为力。”

林慧敏问：“难道就再没有别的办法吗？”

售票员说：“如果是重要客人，你们可以去贵宾室试试。”

她们立即赶到了贵宾室，但在门口就被拦住了，工作人员要求她们出示贵宾证。这一下她们又傻眼了。此时此刻，到哪里去办贵宾证啊？

林慧敏不甘心，又向工作人员重申了一遍情况，但工作人员还是不同意让她们进去。她突然动了一个念头，于是问了一句：“假如要买机动票，应该找谁？”

回答是：“只有总经理。不过我劝你们还是别去找了，现在票紧张得很呢！”

碰了好几次壁，同去的接待员已经灰心丧气了。她想：要找总经理，那恐怕更是没有希望了。于是，她拉着林慧敏的手说：“算了吧，肯定没希望了，还是回去吧，反正我们已经尽力了。”

那一瞬间，林慧敏也有点动摇了，但很快她又否定了自己的想法，还是毫不犹豫地向总经理办公室走去。刚好，总经理手中有一张机票。

当她把机票送到望眼欲穿的客人手中时，客人简直是喜出望外，酒店的总经理知道这件事后，当着所有员工的面对她进行了表扬。不久，她被破格提拔为主管。

林慧敏能够出色地完成工作任务，将任务落实到位，在于她全力以赴的精神。

有些问题的确非常顽固，想了许多办法，仍无法解决。当你真正经过一番努力奋斗后，你就知道所谓“难”，其实只是自己的“心灵桎梏”。

优秀的员工对结果“志在必夺”，无论付出多大代价，都要达到目的，这对身在职场的每一个员工都具有较大的警示作用。面对问题，我们要下定决心，排除万难，勇于改变，只有这样我们才能赢得巨大的突破，达到令人满意的结果。

用正确而高效的行为确保结局圆满

中国人民解放军这支队伍，在艰苦卓绝的战争年代，要调动几百万的军队，战线牵动大半个中国，是如何保证行动效率的？这是各国军方都很感兴趣的一个话题。解放军是怎样做到的呢？

1948年3月23日，中共中央机关和解放军总部来到西柏坡后，从当年5月至次年3月10个月的时间中，在西柏坡一间挂满作战地图的土坯房里，用无线电发报机遥控指挥着全国各个战场，先后组织指挥了24次战役，尤其是辽沈、淮海、平津三大战略决战，其规模之大、歼敌之多，如何做到了运筹帷幄、决胜千里呢？

第一，军队统帅亲力亲为。毛泽东总是亲自拟写电文，从不叫别人代笔。从9月12日至11月2日，共起草了46封命令电（加上战役打响前起草的电报，共77封）。为了确保战争胜利，电文非常详细具体。

第二，对前方的请示电报随来随复。毛泽东总是随来随复，有时一小时就要起草两三份电报，发报台经常是这份尚未发完，下一份又送到了，于是只好先将最急的发出。据统计，在西柏坡期间，毛泽东在一间仅有16.3平方米的旧民房的破旧写字台上，共为前线起草了197封电报。因此，周恩来后来说：“毛主席在世界上最小的司令部里，指挥了规模最大的革命战争。”

只有正确的行动才能带来正确的结果。如果一个人把自己的精力放在一些不重要或无意义的事情上，那么他就没有时间去做重要的事情了。这也是很多人总是忙得团团转却仍不见工作成效的重要原因。一个人只知道忙而不知道忙于正确的事，就好像一个把宝押在了错误的地方的赌徒，最后只能连本带利都输光。

单伟和孙博同时被一家汽车销售店聘为销售员，同为新人，两人的表现却大相径庭。单伟每天都跟在销售前辈身后，留心记下别人的销售技巧，学习如何才能销售出更多的汽车，积极向顾客介绍各种车型，没有顾客的时候就坐在一边研究默记不同车款的配置；而孙博则把心思放在了如何讨好领导上，掐算好时间，每当领导进门时，他都会装模作样地拿起刷子为车做清洁，他的公关技术很不错，很快就跟部门领导处得跟铁哥们似的。

一年过去了，单伟潜心业务和不停提高自己的能力终于得到回报，不仅在新人中销售业绩遥遥领先，在整个公司也名列前茅，得到了老板的特别关注，并在年底顺利地被提升为销售经理；而孙博却因业绩不达标面临淘汰。

孙博和单伟都很忙，但是单伟的忙是实实在在的忙，是不断学习提升自己的工作技能，所以他的忙碌为其职业大厦建设添砖加瓦，为其职业之路披荆斩棘。孙博也很忙碌，但是他的忙只是装模作样演戏给领导看，实际上自己的能力和业绩没有任何的提升，注定难以在优胜劣汰以结果说话的激烈竞争中站稳脚跟。

美国的“时间管理之父”阿兰·拉金说过：“勤劳不一定有好报，要学会聪明地工作。”拉金先生的意思是告诉我们，一个人只靠忙并不能保证取得好的结果，只有善于掌控时间，能够时刻忙到点子上的人才能够取得好的结果，成为工作和辛勤劳动的受益者。

世界著名的管理顾问大师彼得·德鲁克在从事诊断顾问工作时，雇主总会提出一大堆的难题向德鲁克请教。德鲁克总是推开这些问题，然后对客户说：“你最想做的事是什么呢？”“你为什么要去做呢？”“你现在正在做什么事呢？”“你为什么这样做呢？”

德鲁克不替客户"解决问题"，而是替客户"界定问题"。他抛开客户的所有问题，向客户提出一连串的问题，使顾客明白自己的忙碌究竟是为了什么，想要得到什么。德鲁克说："如果顾客离开我的办公室，他觉得没有学到很多新东西，那么不是我的效率太低，就是他是一个笨蛋。可是这个世界上最多的就是不知道自己在忙什么的人。"

磨刀不误砍柴工：准备为业绩提速

拿破仑·希尔说过，一个善于做准备的人，是距离成功最近的人。一个缺乏准备的员工一定是一个差错不断的人，纵然有超强的能力、千载难逢的机会，也不能保证获得成功，这样的人自然无法成为一名立即执行不打折的高效能人士。

李屹在一个公司的销售部做销售助理。一天，李屹预约的一个客户按时来到公司，李屹按照预约的时间，笑容可掬地站在洽谈室门前等待客户的到来。

客户没有迟到，但还是对李屹的等待多少有些意外，这种被重视的感觉让他很满意。

李屹不慌不忙地打开文件夹，里面的产品资料、使用说明、文本合同等一应俱全。李屹有条不紊地向客户介绍产品的情况，并把近期公司举行的优惠活动详细地告诉给客户，站在客户的角度上提出了一些非常有益的建议。

最后，李屹对客户说："听说贵公司最近又要在广州开设一家分公司，我想，贵公司在短期内可能还要引进我们公司的设备。如果您愿意，可以在这次订货中一起购置所需设备。这样，不仅可以因购置数量多而享受更多的优惠，而且可以省去一些不必要的装运费用，您看怎么样？”客户显然是觉得这个建议十分合理，马上给总公司的负责人打了电话。当得到肯定的答案后，将最初要订100万美元的货物增加到了200万美元。

准备是成功的保证，有备才能无患。只有准备充分，后面的工作才能真正收到水到渠成的结果。就像李屹一样，在每次会见客户前，把所有可能用到的资料准备好，并提前调查清楚客户的实际情况及其最新动态，掌握第一手资料，尽可能了解详细。当一切准备就绪后，在会见客户时，就有了十分的把握。同时，从客户的角度出发提出一些建议，为客户的利益着想，也是准备工作中需要考虑的因素之一。因为客户与企业的利益实际上是一致的。

准备工作能帮助你减少执行路上的障碍。准备中看似偶然的事件都包含着必然的因素，而准备却可以使偶然出现的机会变成必然的成功因素，直接降低了风险。

养成准备的习惯对做到立即执行不打折很重要，就像莫里尼奥所说的：“当准备的习惯成为你身体的一部分，它就会永远在那里，并帮助你取得令人惊讶的胜利。”充分的准备能帮助你抓住成功的机会，为你带来最好的业绩。

要想做到不折腾，做事有准备，应遵守以下三个原则：

1. 每天提前几分钟工作

每天提前几分钟工作，把一天中需要做的事情先想好，排列好，安排好，做好准备，有条不紊地开始新的一天，会使整天的工作效率随之提高。

2. 做一个详细的工作计划

不管做什么事情，制订一个详细的计划都是非常重要的，它可以帮你把工作的细节不断地量化。只有进行周密的计划，人们才能对工作中的细节有所准备，才能在碰到各种各样的细节问题时不慌不乱；只有进行周密的计划，你才能很明确自己该做什么工作，应该怎样去做。如果不能把每一个细节进行量化，计划就不可能达到目的。

3. 整合意外情况

如果你事先已经把一切都准备好了，那么在遇到意外情况时，你就不会因为慌张而不知所措，因为你知道自己下一步该做什么，你会以平稳的心态，将自己的工作有条不紊地进行下去。

4. 每天坚持写工作备忘录

“手写备忘录”是一种把简单且精确的信息、文件和资料存储起来帮助你记忆的很好手段，它会让你在任何需要的时候都可以立即找出来，既不会出现遗忘的现象，也方便日后核对自己的工作进度。其实，你做记录的时间远远少于你时常苦思冥想的时间。它不但可以帮助你节省时间，提高工作效率，而且会赢得老板的首肯并得到职位和在老板心中个人价值的提升。

一个优秀的员工在进公司上班后，就应该养成手写备忘录的习惯，备忘录上一般会有这些情况的记载：

（1）如果出席会议的话，应该记下会议上交谈的事情、所决定的事情，以及被指示的事项等；

（2）与上司谈话时，把指示的内容写在备忘录上；

（3）与同事交流时，把重要信息记载下来；

（4）与客户沟通时，记载他们的需求或者对公司产品或服务的要求；

（5）平时工作中，有客户来访，简单记录谈话内容；

（6）平时生活中，遇到与工作有关的想法或思路记载下来。

在“手写备忘录”上将想要做的事情清楚地记录下来，应该成为一种工作习惯，不妨从现在开始，养成随身带上笔记本的习惯，并随时准备记录。它将成为执行过程中用最短的时间去提高执行效率，获得成功的有力保障。

Who Are You Working For?

第十一章

学力>学历：学习力才是硬道理

职场生存：能者上、平者让、庸者下、劣者汰

终身学习才能拥有铁饭碗

对自我发展负起责任的，是自己而非老板

立志做强者：挣脱“心智模式”的锁链

不断反省：从错误中崛起

技多不压身，练就过硬的本领

想要进入优秀的公司，先让自己优秀起来

职场生存：能者上、平者让、庸者下、劣者汰

现在的社会是知识经济时代的社会，这就意味着“学力时代”即将代替“学历时代”。所以衡量职业人水平的标准，已经不能依据证明学校教育知识水平的文凭，而是在实践工作中能够不断地更新知识、适应变化、迅速掌握知识的学习能力。学习能力的高低将取代文凭的作用。

美国通用电气公司前CEO杰克·韦尔奇提出的“生存第一，绝对竞争”的观点一针见血地道出市场的真谛。市场的自然法则就是一切凭能力说话，企业要想生存，就必须要用优异的能力来保持强大的竞争力；否则，等待企业的将是被淘汰出局的命运。

当核心队员，还是替补队员？想遭人淘汰，还是晋职加薪？能者上，平者让，庸者下，劣者汰。对员工来说，学习力决定着你的实力，实力决定着你的位置。

杰克·韦尔奇还提出了“20—70—10活力曲线”，其实质就是“末位淘汰”，它是一种有效的员工管理方法。在这个活力曲线中，用正态分布的形式区分出最好的20％、中间的70％和最差的10％。即把员工分为A、B、C三类，其中A类员工是最优秀的，占20%；B类员工是中阶层次的，占70%；C类员工是最差的，占10%。

“20—70—10活力曲线”在平庸者眼中是残酷的，但在优秀的员工眼中，这种管理方式就是自己进步的阶梯。“20—70—10活力曲线”是一种残酷的管理方式，但从员工的角度来说，这也是一种让自身不断成长的激励

方式。

没有竞争能力，企业就永远不会成为强者，也不会存活太久。弱者永远被人指挥、驱使，甚至被人吃掉。在自然法则中，唯有竞争力强者才能为王，才能高高在上。这也是为什么诸多企业提倡竞争文化的重要原因，只有作为企业细胞的员工强大了，能力提升了，整个企业才能得到彻底的改善。

曹娟在一家服装公司做销售工作，业绩一直不错。可是公司为了开拓第三市场，决定减少服装的生产量，裁减员工，以达到压缩成本的目的，资金被转向了第三产业——房地产产业。

现在，所有员工都面临被裁员的危险，人人自危。销售部要裁去一半人员，这不能不让所有销售人员心里打起鼓来。大家平常工作都差不了太多，谁走谁不走呢？

面对这种情况，曹娟却镇定自若，似乎并没有太在意。最后的结果是销售部人员走了一半，副主管也被辞退了，而曹娟升任了此职。

原来，曹娟在平常的工作中就十分注意整理所有客户的资料，又利用业余时间学习编程，为公司建立了一个庞大的数据库。这个数据库的建立为销售渠道的正规化提供了科学的依据，大大提高了工作效率。早在一个月前，曹娟就向主管递交了这个数据库，并得到了认可，正在等待讨论通过与实施。

升职后的曹娟除了将销售方式正规化外，还积极联系境外的销售客户。当第一笔与意大利出口贸易签单时，总经理发现曹娟竟能用流利的意大利语与客户交谈，不禁更加对她另眼相看。不久，曹娟理所当然地升为副经理，成为这家公司的骨干，在销售领域无人可以替代。

曹娟比别人获得了更多的发展机会，源于她为企业创造了实实在在的业绩。在不断提升业绩的同时，曹娟也为自己赢得了更为宽广的发展空间。

企业作为一个经营实体，必须靠利润维持发展，而要发展便需要企业中的每个员工都贡献自己的力量和才智。企业是员工努力证明自己能力的战场，无论从事何种职业，如果你没有足够的能力，你迟早是一枚被弃用的棋子。

诺贝尔文学奖获得者拉迪亚德·基普林曾经说："弱肉强食如同天空一样古老而真实，信奉这个原理的狼就能生存，违背这个原理的狼就会死亡。"一个优秀的员工必定敢于正视自己、超越自己，以能力证明自己的价值。"德能勤绩"是企业考核员工的基本标准，对于老板来说，能力是最实在的标准，在考核中所占的比例最大。没有人去注意过程的酸甜苦辣，荣誉只属于实力最大的英雄。

终身学习才能拥有铁饭碗

根据媒体报导，对于日益严重的失业潮，人力专家预估，失业族群已由中高龄基层性质劳工扩展至白领青壮年族群。所以大家都在紧张自己的饭碗是否保得住，下一个被开除的是不是自己，即使拥有傲人的文凭，会不会面临着四处求职而不得的境遇。

实际上，即使拥有优异的学历背景，或者拥有丰富的技术实力和实战经验，这些都不能保证你可以安安稳稳地工作一辈子。如果你的知识库与时代不融合，你还是会被剔除出去。只有自己不断更新知识库，才能够保证自己跟社会同步，才不会被公司开除。所以，学习才是最好的铁饭碗。

据调查统计，一个大学生在校获得知识的5%～10%是将来必需的，而

90%～95%的知识是在以后的工作学习中获得的。这个结论印证了一个“知识折旧”的定律，“现代人如果一年不学习，你所拥有的全部知识就会折旧80%”。任何一个人在学校求学阶段所获得的知识，不过是他一生所需知识的10%，甚至更少，即他90%以上的知识都必须在离开学校之后的自学中不断获取。

所以，在职场中，主动换脑去适应社会、适应环境的人是企业最需要的人，他们是企业的稀有资源。不管是在国内还是在国外，这样的人总是非常受欢迎，他们的职位不但能保住，而且有可能节节攀升。相反，那些面对知识折旧越来越快、信息量日趋膨胀的社会，不知道学习和更新自己的知识结构，不会及时转变自己的思维观念的人很可能很快就被嫌弃，同时也会被社会所淘汰。人作为高级动物，其最大的特点就是会动脑筋。美国著名企业家艾柯卡之所以能够成功，就在于他时刻铭记刚参加工作时分公司经理的话：“你要记住，马更有力气，狗更忠诚。你作为人类的唯一长处就是你有一个智慧的脑子，你能够创造新的价值，这是你唯一能超越它们的地方。”比尔·盖茨说：“你可以离开学校，但你不可以离开学习。”确实如此，为了能够拥有一个铁饭碗，我们应该把学习当做我们的工作方式，把学习变成我们的生活方式，进行终身学习。

朱熹曾经说过：“无一事而不学，无一时而不学，无一处而不学。”只有进行终身学习才能够让自己拥有一个铁饭碗。那么，应该如何做到终身学习呢？

1. 读自己

我们每个人必须明白命运是掌握在自己手中的，那么读自己就是其中一把重要的钥匙。学习的真正精义在于培养自己的能力，把各种资源有效转化，产生最大效能。因此读自己可说是个人成功的核心专长，不仅是身体、头脑、心灵的学习，还包括各种创造性的学习，可说是多彩多姿的学习，透彻读自己，将发现自己有无限的成长空间。

2. 读别人

人不能只局限于自我的学习，必须透过人际互动、组织手法、借力使力来提升学习的速度与效率。有一句话说，“站在别人的肩膀，可以看得更远”，这就充分说明善用别人的长处与资源，善于读别人，可以帮助自己获得更大成长。

3. 读环境

人在自然环境和社会环境中磨炼成长，环境对人的发展有很大影响。对环境的认识要明确其层次——国际化的竞争环境、企业内部竞争环境、社会环境等，对于环境趋势的变化如果有正确的解读能力，可从中获得许多成长的启示与动力。面对环境的不断变迁，我们若想不被时代的大潮所淘汰，就要把学习当做一种信仰，通过学习不断地更新自己、提升自己，只有这样我们才能永远站在时代前沿。终生学习是每个人经营生命的重要途径，在今天这个竞争激烈的年代，终生学习所代表的是活到老、学到老，积极地把握人生中的每一个快速学习的机会并学以致用。

终生学习不但是一生中不间断的学习，打破自我设限，进行无限学习，而且是在生活中、工作中的每一个当下的用心学习。学习不仅是为了适应目前的工作需要，还要为了未来的职业目标。

职场中没有永远的红人，只有不断地学习新知识才能适应环境的变化，才能在工作中成长。学习是一个不断进行知识更新、知识创新的过程，我们每个人必须有能力在自己的工作和生活中利用各种机会，去更新、深化和进一步充实获得的知识，使自己适应快速发展的社会。每个人必须具备自我发展、自我完善的能力，不断地提高自我素质，不断地接受新的知识和新的技术，不断更新自己的观念、专业知识和能力结构，使自己的观念、知识体系跟上时代的变化。

终生学习的能力是社会发展对人的要求，是我们在职场中永不落败的法宝。我们要把学习当做一种信仰，用对新知识不懈的追求来升华自己的灵魂，实现人生的价值。从一定意义上讲，你的学习生涯决定着你的职业生涯，为了未来的发展与成功，你别无选择，只有不断地学习，才能在未来的发展中不被激烈竞争的大潮所湮没，才能保持主动的地位，勇往直前，才能够拥有一个铁饭碗。

对自我发展负起责任的，是自己而非老板

一个人的事业发展如何，并不取决于他遇到的老板贤不贤明，也不在于公司福利的慷慨与否，更不在于公司的经营理念，因为对自我发展负起责任的，是自己而不是老板。

从台湾饭店业传奇人物严长寿身上我们就可以得出这个结论。

严长寿是一个没有上过大学的人，他在一个同学的帮助下，获得了他的第一份工作——运通的传达小弟。这份工作的任务就是伺候他的老同学，这让他觉得很不舒服，于是他下定决心改变自己的状况。他白天努力工作，晚上努力学习英语，抓住一切机会向同事请教操作电脑的技术。为了能够给别人留下一个良好的个人形象，他虽然身为传递小弟，但是仍坚持每天穿正装上班。

不管同事让他干什么事情，他都非常乐意去干。用他的话来说就是：“我知道只要有机会去做，就是一种学习。假如必须要从人家喜欢的、正在做的事情去学习，大概没有什么机会，也许对我最好的学习，就是从人家不喜欢做的

事情学起。我就是做一个收垃圾的，也能从这些垃圾中学到一些东西，何况当真的去做的时候，会发现其实没有想象中那么困难。”就这样，他自己不断地学习，到28岁的时候就已经是运通公司台湾地区的总经理了。

严长寿能够取得如此快速地发展完全是因为他个人的努力学习，公司并没有为他提供任何的职业培训或者对他有什么照顾政策，所有的学习机会都是他自己争取来的，他对自己的发展负起了责任。从中我们可以清晰地看到，每个人的自我发展是由自己来负责的，并不能依赖老板或者公司。

但是在我们的现实生活中，就有很多人都抱怨公司没有为自己提供培训和发展的机会，他们总是强调公司应该为他们做点什么。有一家公司的经理对这些人的看法是这样的：“他们把过多时间用在考虑还没有得到的东西上，却没有认识到学习和提高的机会就在日常工作中，在与其他同事配合工作的过程中。同时，当机会出现时，他们不愿或害怕迎接新的挑战、担当新的职责或承担更多任务。他们也不注意观察最佳案例，不会在工作中主动利用这些案例。”所以，自我发展还是靠自己，不能依赖别人。

那么，我们该如何为自己的未来负责呢？

1．学会自己做决定，而不是依赖别人

在我们步入社会之前，父母和老师会为我们做很多的决定，帮助我们选择学校、选择专业，甚至帮助我们寻找工作、介绍对象。这些会让我们形成一种依赖的心理，什么事情都不能自己做主。一个不能自己做决定的人，不可能会为自己的工作主动付出努力，他只会跟着公司的指挥棒转动，无法自己争取到向上发展的机会。

2．以积极的心态面对你生存的环境

决定你人生的关键不在于所遇到的环境，而在于你决定要如何去面对。面对工作上的压力，你可以选择放弃，开始另一份工作，但是不久，你又会发现工作的压力很大，于是又决定跳槽，如此循环反复，你永远只能在原地踏步，不可能有所提升。但是你也可以选择勇敢地去面对，一步步提升自己的职业竞争力，冲出一片属于自己的天地。

3. 清楚地明白自己将要成为什么样的人

当你清楚地明白自己将要成为什么样的人之后，你就不会随波逐流，因为你已经作出了决定，就不会甘心把自己的人生交给环境、交给公司，任由它们来主宰，你会主动地向着自己要达到的方向前进。这样就自然而然地不要求老板为你的发展负责任了。

这个世界上，没有任何两个人具有相同的成功之路。对一个人是合适的职业道路，对另外一个人或许是一场灾难。所以，一定要自己主宰自己的命运，不要把自己交给别人来安排。从开始工作的那天起，我们就要对自己的发展负责。虽然现在有很多优秀的企业都开展了对员工的培训活动，以此来提升员工的职业发展，但最终的决定还是需要由员工自己来做。至于父母或者领导，他们出于对你成长的关心，会给出一些建议，也要给予认真的考虑，让自己在未来的道路上走得更顺畅。一定要记住：对自我发展负起责任的，是自己而不是老板。

立志做强者：挣脱“心智模式”的锁链

去过西双版纳的人，大都有这样的经历，让你记忆深刻的不是充满异域风情的西双版纳风景，不是这个号称“彩云之南”的诱人魅力，也不是载歌载舞热情大方的白族姑娘，而是关于那里的人们驯养大象的方式。

大象休息的时候，只是用一根简单的绳子随便系在木桩上，或者马马虎虎地拴在一棵小树上。只要大象稍稍一用力，立刻就能够挣脱逃跑。

为什么没有大象逃跑呢？因为这些大象都是从小就被领回家进行驯养的，因此从小它们就用这些绳子拴住，那时侯它们的力气不足以将绳子弄断，所以它们便一直认为这些绳子是无法挣脱的，甚至在它们已经到了身强力壮的时候，幼时的记忆还是深深地影响着它们，所以它们也就不做挣脱的努力了。

原来，它们不是没有力气挣脱这些绳子，让它们挣不脱的，是它们心灵深处那道根深蒂固却又无形的绳索。

生活中处处有墙有门，处处有锁，但为了安全而设的有形之锁并不可怕，最可怕的是心里的那把无形锁，它能锁住一个人的智慧，将我们的学习力扼杀掉，从而形成心灵的桎梏。

“心智模式”是影响我们了解这个世界，以及如何采取行动的许多假设、成见或图像等。我们通常不易察觉自己的心智模式以及它对我们行为的影响。《列子》中的《齐人失斧》的寓言说的是：齐国一个人丢了斧子，他怀疑是邻居偷走了（假设），因此他觉得邻居的一言一行越来越像偷窃者。后来斧子在自己家院子里找到了，这时，他横看竖看邻居都不像是个贼。

这告诉我们，看问题切忌戴“有色眼镜”，在学习的过程中切忌“先入为主”“想当然”。

在20世纪70年代初期，壳牌石油在世界七大石油公司中敬陪末座；到80年代末，它已经成了最强的一家。壳牌石油公司之所以能成功地渡过80年代石油危机的巨大冲击，主要归功于学习如何浮现管理者的心智模式，并加以改善。

企业或员工要想复活自己的“心志”，就应当去除枷锁，立志做强者。变化无所不在，持续适应变化才是生存之道。当今时代，我们周围的一切都在快速发展着，即使表面上一派平静，但其中却可能蕴藏着危机。

在瞬息万变的现代社会，不断学习已经不是少数人的选择，而是一种现实状态。破围新生的自我变革同样也是竞争力，敢于求变、敢于打破常规、敢于更换轨道，就是一种强大的学习力和成长力。

正如杰克·韦尔奇所讲，即使是花了30年时间辛苦打造出的老公司，如果不加改造、不思进取，也可能在两年之内化为乌有。

在竞争激烈的社会中，不学习就意味着死亡。学习力让人的眼界、知识、能力不断提升——我们或许无法决定或选择外部环境的变化，但是我们可以通过自身的学习力来保证自己的竞争力。这需要我们注意以下几点：

1. 改变习惯

所谓习惯性行为，往往不是人的有意识而是潜意识或近于潜意识的行为。习惯性违章就是长期在不良的心智模式支配下，发展成为潜意识行为的。克服违章，首先要改变习惯，不断检视反思。

2. 多听听别人的意见

人们总是透过自己的心智模式来解释世界。人们的眼睛看到的往往只是自己想看到的东西，符合自己“口味”的东西，而对不符合“口味”的东西却视而不见，从而本能地强化了自己原有的心智模式。所以，我们要多听听别人的意见。

3. 不断地完善

由于现代社会高度复杂的分工，个体不可能完整地观察事物，只能是盯着自己身边熟悉的“片断”。现代社会极快速的变化，造成了人的心智模式往往较大地滞后于事物的发展。因而，不断地改善人的心智模式是人生中根本性的任务之一。

不断反省：从错误中崛起

中国古语云“人非圣贤，孰能无过”，即使圣贤也有跌倒的时候，关键在于不要重复犯同一个错误。不在错误中找到实质因素，你的道路将越走越窄，最终进入死胡同。一个从不犯错误的人是懦夫，一个总是犯错误的人是傻子。

为了追求心中的目标，我们往往向前一路狂奔，不论是撞得头破血流还是跌得污泥满身，我们都没有停下来好好思索。有时候，当你跌倒在地时，不要急着站起身来，平静地躺在地上，仰望天空的云彩，思索过往的人生，也许你能够卸下心中的重担，以一种全新的方式轻松上路。

一个人要想拥有成功的人生就要学会在失败和错误中学习成长。每一个人都应该永远记住这个真理，只有不断挑战自我、超越自我的人，才是一个前途远大的人。你要赢得事业上的成功和人生的辉煌，就要在跌倒的时候平静地想一想。

读中文系的一个年轻人在大四那年，借了一笔启动资金，雄心勃勃地召集了几个计算机专业的在校生，在中关村附近注册了一家电子企业。但年轻人的企业没开张多久，便在内外交困中败下阵来，几个助手一哄而散，只留给年轻人一个无法收拾的烂摊子。很快，年轻人又重打锣鼓另开张了，在新科技园区内开了一个专营电脑耗材的小企业。但运行的结果并不像年轻人想象的那样顺利，没过多长时间，年轻人的小企业再次关门。

两次失败，让年轻人欠下一笔不大不小的债务，而一向自负的年轻人是绝不肯轻易认输的。此后，年轻人又接二连三地在北京信息产业密集区内，创办了好几个与电子产业密切相关的企业。很遗憾，执著并未使年轻人赢得成功，反而让年轻人债台高筑。

一天，年轻人满怀沮丧地将创业的经历讲述给一位老教授听，言语中流露出对自己连续创业失败的不甘和无奈。老教授耐心地听完年轻人的倾诉，没有马上发表意见，而是给年轻人讲了自己年轻时听到的一个小故事。

一个旅行者在行进的途中，突然决定改变原来选定的路线，打算抄近道前往目的地。没想到，在旅行者穿越那片看似很平坦的草地时，没走几步，腿被什么东西猛地绊了一下，把旅行者摔了个跟头。旅行者没太在意，从草地上爬起来，揉了揉有点儿疼痛的膝盖，继续前行。

但没走出几十米，旅行者又结结实实地跌了一跤。这一回，旅行者没有急着站起来，而是躺在那里，一边揉着受伤的腿，一边仔细打量着身下的草地。原来，绊倒旅行者的是一个草环。那是一种丛生植物用疯长的、极柔韧的枝蔓编织的一个很隐蔽的草环。在旅行者跌倒的周围有很多这样的草环，行人稍不留意，就能绊一个跟头。待旅行者坐起来，将目光再往前一延伸，不由得大吃一惊——前方不远处，掩蔽在繁花绿草间的，竟是一片可怕的沼泽。

转到另一条安全的路上后，旅行者仍在庆幸刚才跌的那个跟头，更庆幸自己没有像第一次那样急于爬起来赶路，而是细心地查清了让自己跌倒的原因，还认真地打量了一下自己原本自信的道路……事后，旅行者又心有余悸地听说，那片隐蔽在草地深处的沼泽，不久前还吞噬了两个粗心的过路人。

老教授的故事讲完了。年轻人站起身来，向老教授深鞠一躬，真诚地说：“老师，谢谢您的故事，我懂了，仅仅想到跌倒后爬起来还远远不够，还必须知道自己是因为什么跌倒的，知道怎样才能不跌更大的跟头……”

那位旅行者之所以没有发生重大的失误，关键在于他再次摔倒时及时总结了原因，并且因此发现了前面噬人性命的可怕沼泽地。他的跌倒反而成全了他，倘若他不总结，便会在几步之后遭遇不测。

职场上摔跟头是正常的，从某种意义上说甚至是好事。但摔了跟头不要着急站起来，而要重新认识环境，发现其中绊倒自己的问题症结，从中总结吸取教训。你只要克服了自己的莽撞，不断战胜自己、改造自己、提高自己，那么总有一天你可以发光闪亮。

技多不压身，练就过硬的本领

在如今的职场竞争中，拥有过硬的专业能力，你才能轻松地获胜。在工作中，精益求精的态度和过人的技能是非常重要的。拥有一项真正过硬的本领是人生的一种财富。

在日益竞争激烈的职场上，若想做到高效执行，就必须有扎实深厚的专业能力。

某大型企业的机修工杨翊年仅28岁，个子1.53米，只有初中文化程度，按常理说他应该很自卑，但他却十分自信，薪水高于一般的员工。他从小酷爱思考、学习，尤其是酷爱学习机电方面的知识。刚进入公司时，他只是普通流水线上的操作工，但他从不在休息时间闲着，经常跟在老师傅后面看人修机器。日积月累，他渐渐熟悉了机器的安装和检修过程，还摸索总结出了一些零件检修的秘诀。

一天下午，整个车间的机器突然停止了运转，热闹的车间顿时安静下来，这使老总慌了手脚，因为老师傅因病回老家了，要是停几天生产，跟外商签的合同可就泡汤了。情急之中，杨翊毛遂自荐，换上工作服，拿着工具，钻进地下两米深放发动机的地方，细细地查看了机床链条，他发现整个机器停止都是因这个链条的一个小缺口的错位引起的，于是他很快地用钳子将缺口矫正，没过一分钟，整个车间的机器又轰隆隆地正常工作了！

从这以后，他就成了该厂出色的专业维修员。老板经常鼓励他，也特别器重他，杨翊成为了老板身边一个不可或缺的人物。

技能好比一座矿产，如果我们的个人矿产只比别人丰富一点点，那么我们能不能够使它更加丰富一些呢？如果我们不比别人更富有，甚至比别人还贫瘠的话，那我们如何让自己成为那个不可或缺的人呢？要想不被人代替，你得有一手绝活。

所以，无论从事什么职业，都应该精通它，让自己成为这个领域的专家。与其他有能力做这件事的人相比，如果你是工作方面的行家里手，就能赢得良好的声誉，那么，你就永远不会失业。

在这个世界上，各行各业的技术高手、才华横溢的人不胜枚举，可是真正成功的人有几个？职业人士懂得把自己熟悉的专长发挥到极致，然后成为这个行业里别人不可替代的顶尖人物。这样的人才是快乐且富有的，因为他们是在做自己喜欢的且得心应手的事业。

王洪军是一汽集团一汽－大众有限公司钣金整修车间的一名普通技工，他在钣金整修这一岗位上已经整整工作了17年。

钣金整修的主要工作就是对压模和装运过程中车身上出现的缺陷进行修复。为了能让车身修复达到理想效果，王洪军一刻也不肯停歇。他白天修复车身，晚上琢磨制作工具，不怕麻烦、不怕忙碌，反复进行现场调整。

经过长期实践，王洪军逐渐摸索出了手感检查车身的独特检查方法，并总结出了凹坑、死点坑、边缘坑、弧面坑等不同缺陷的整修方案。十几年下来，王洪军制作了40多种、2000多件工具，满足了多种车型各类缺陷的修复要求，使整车质量有了很大提高。

他自创的方法甚至让德国专家都感到惊讶。大众公司的德方经理迈特毫不夸张地说："王洪军是我见过的大众集团全球范围最优秀的工人。"五年间，王洪军为企业创造了3700万元的价值，并于2007年2月27日在人民大会堂被授予"国家科学技术进步奖"。

业务能力是一门硬功夫，一个人精通一件事，只有做得比所有人好，才能获得丰厚的奖赏。

把专业变成自己的职业，才能把职业做成一项事业。你只有把目前的工作做到精的地步，才能靠它吃饭。

想要进入优秀的公司，先让自己优秀起来

工作中，你是否常常抱怨自己从事的职业太平凡，前途太渺茫？

美国成功哲学演说家金·洛恩说："成功不是追求得来的，而是被改变后的自己主动吸引而来的。"的确，失败的时候，与其期望改变环境，不如改变自己。

英国伦敦泰晤士河南岸矗立着西敏寺大教堂，安葬于此的一位英国主教的墓志铭十分特别。墓碑上写着这样一段话："我年少时，意气风发，当时曾梦想要改变世界。但当我年事渐长，发觉自己根本无力改变世界，于是决定改变自己的国家，但这个目标我还是无法实现。步入中年之后，我试着改变自己身边最亲密的人，但是，他们根本不接受改变！当我垂垂老矣，终于顿悟了一件事，我应该改变自己，以身作则影响家人。若我能为家人做榜样，也许下一步能改善我的国家，再接下来，谁又知道呢？也许我连整个世界都可以改变！"

我们也许都曾有过类似的困惑，费尽一切力气要改变别人，甚至要改变世界，让世界来顺应自己的喜好，然而，这是不现实且是最徒劳的。既然改变不了现在的处境，那就接受现实，改变自己吧！改变别人只凭借外在的努力几乎是不可能的，要想改变这一切，首先从改变自己开始，改变了自己，你会发现，世界也会变得随心所欲起来。

日本"推销之神"原一平年轻时，有一天，他来到东京附近的一座寺庙推销保险。他口若悬河、滔滔不绝地向一位老和尚介绍投保的好处。老和尚一言不发，很有耐心地听他把话讲完，然后以平静的语气说："听了你的介绍之后，丝毫引不起我的投保兴趣。年轻人，先努力去改善自己吧！""改善自己？"原一平大吃一惊。"是的，你可以去诚恳地请教你的投保户，请他们帮助你改变自己。我看你有慧根，倘若你按照我的话去做，他日必有所成。"

原一平接受了老和尚的教诲，他策划了一个"批评原一平"的集会。

第一次批评会就使原一平大受打击，他没有想到自己有这么多缺点：

你的脾气太坏，而且粗心大意。

你太固执，常自以为是，这样容易失败，应该多听别人的意见。

对于别人的托付，你从不知拒绝，这一缺点务必改进。

你面对的是各种各样的人，所以你必须有丰富的知识。你的知识不够丰富，所以必须加强进修，以成为别人的“生活指导者”。

待人处世千万不能太现实、太自私，也不能耍手腕或耍花招，一切都应诚实。

……

他把这些宝贵的逆耳之言都一一记了下来，以便随时反省并激励自己。

他把“批评会”中获得的改进，体现在每天的工作上。于是，他的业绩直线上升，每周举办的业绩排行榜他都独占鳌头。

从1931年到1937年，“原一平批评会”一共连续举办了6年。

到了1939年，他的销售业绩荣膺全日本之最，并从1948年起，连续15年保持全日本销售第一的好成绩。1968年，他成为美国百万圆桌会议的终身会员。

原一平的成功就在于面临挫折时，没有放弃，而是不断改善自我，从而取得胜利。我们要想改变现状，获得成功，就要先改变自己的行为模式、改变自己的思维模式、改变自己的心态、改变自己的观念、改变自己和客户说话的方式、改变自己交往的人群、改变自己看事情的角度。

正如《围炉夜话》中指出：“为人循矩度，而不见精神，则登场之傀儡也；做事守章程，而不知权变，则依样之葫芦也。”因为只有人进步了，事情才有进步，所以，成功和进步的关键就在于：改变自己。

你改变不了环境，但可以改变自己；你改变不了事实，但可以改变态度；你改变不了过去，但可以改变现在；你不能控制他人，但可以掌握自己；你不能预知明天，但可以把握今天；你可以不样样顺利，但可以事事尽心，这些都是让自己更“优秀”的改变。只有改变，才能取得更好的结果，只有把自己变“优秀”才能获得成功。

没有人可以在一成不变中获得生存和成功，重复过去的行为只能得到过去的结果。要创造出更好的结果，超越过去，先要改变自己。改变自己，当你收获了幸福和成功的同时，你会发现世界因你而改变。正如苏格拉底所说：“让那些想要改变世界的人，首先改变自己。”同样的道理，想要进入优秀的公司，就要让自己先优秀起来。

Who Are You Working For?

第十二章
不浮躁：挡得住诱惑，耐得住寂寞

低就才能高成：今天的脚步就是明天的伏笔

过分的个性张扬：带来的只有浮躁和抱怨

成功是慢火熬出来的

坚守原则，经得住外界的诱惑

坚持到底：沿着既定的方向坚持下去

将注意力集中在一件事上

从最“基层”当起，从最“简单”做起

低就才能高成：今天的脚步就是明天的伏笔

一位国内著名集团的老总曾经说过这样意味深长的话：“往往一个企业的失败，是因为它曾经的成功，过去成功的理由是今天失败的原因。任何事物发展的客观规律都是波浪式前进、螺旋式上升、周期性变化的。中国有一句古话叫‘风水轮流转’，经济学叫‘资产重组’。”

生活就是不断地重新再来，不归零就不能进入新的资产重组，就不会持续发展。在此之前，你可能有过很高的地位，可能拥有很多的财富，拥有渊博的知识，但是当你想要获得更大的成功时，你一定要有一种空杯心态。因为只有沉得住气，不浮躁，你才能够快速地成长，才能学到更多的成功方法。

1862年，德国哥廷根大学医学院的亨尔教授非常高兴地发现，他的这届学生中，很大一部分人是他遇到的最聪明的学生。但同时他也感到了深深的忧虑，因为，越是聪明的人越不容易静下心来踏踏实实做那些看似很傻的工作，而那些很傻的工作恰恰就是很多人以后必须要担负的工作职责。

于是，开学后不久，每个同学手中都得到了一份亨尔教授的论文手稿。亨尔教授要求他们重新仔细工整地誊写一遍，但实际上那些手稿已经非常工整了。所有的同学都认为没有重抄的必要，觉得那纯粹是在浪费时间，还不如利用这段时间利用自己的聪明才智去搞研究。他们一致认为，只有傻子才会坐在那里当抄写员，把自己宝贵的精力花费在这种没有价值而又繁冗枯燥的工作上。没想到，真的有一个叫科赫的“傻子”坐在教室里抄写手稿。

更让人想不到的是，就是这个最“傻”的人在人类历史上首次发现了结核菌、霍乱菌，并且也是第一个发现传染病是由病原体感染而造成的人。他在1905年获得了诺贝尔生理学与医学奖。

也许在当初的那些同学当中，科赫并不算最出众的一个，但他放低自己，做好手头该做的工作，他的成功源自对每一项工作的精耕细作。

一个人的身体里承载了太多的自负和虚荣，即使拥有不错的天资，拥有良好的学识，远大的抱负，并且不乏进取之心，可能也难以飞得更高。更多的时候，我们需要放低自己，才能拥有更广阔的天空，看到更明亮的未来。

有一位年轻人，生活的不满和内心的不平衡一直折磨着他，他觉得自己有着过人的才华，他本可以做得很出色，然而他却怀才不遇，饱受着现实中种种琐碎事务的摧残，以致于周围很多“平庸”无奇的朋友一个个都已出人头地了，他却始终“大材小用”，碌碌无为！

直到一个夏天，他与同学迈克尔乘迈克尔家的渔船出海，才让他一下子懂得了许多。

迈克尔的父亲是一个老渔民，在海上打鱼为生几十年，年轻人看着老人那从容不迫的样子，心里十分敬佩。

年轻人问老人：“每天你要打多少鱼？”

老人说：“嗨，孩子，打多少鱼并不是最重要的，关键是只要不是空手回来就可以了。迈克尔上学的时候，为了缴清学费，不能不想着多打一点。现在他毕业了，我也不奢望打多少了。”

年轻人若有所思地看着远处的海，突然想听听老人对海的看法。他说：“海是够伟大的了，滋养了那么多的生灵……”

老人说：“那么你知道为什么海那么伟大吗？”

年轻人不敢贸然接茬。

老人接着说："海之所以能装那么多水，是因为它的位置最低。"

位置最低才是成就大海的秘诀，而一个人只有放低心态，才能不断容纳新知识、新事物，才能在竞争激烈的社会中，不断进步，并且立于不败之地!

秦牧在《画蛋·练功》一文中讲道："必须打好基础，才能建造房子，这道理很浅显。但好高骛远，总想走捷径的心理，却常常妨碍人们去认识这最普通的道理。"人一浮躁起来心里就像长了草，而且是没有根基的草，被急功近利的风一吹，就跑掉了，结局只能是无果而终。

对于职场人士或者正准备踏入职场的人来说，有学识、有才能，或者曾经取得过举世瞩目的成就，而产生一种满意和喜悦感，这是无可厚非的。但如果这种"满意"发展为"满足"，"喜悦"变为"狂妄"，那就成问题了。这样，已经取得的成绩和进步，将不再是通向胜利的阶梯和起点，而是会演变成为继续前进的包袱和绊脚石。

许多人都会觉得要成就丰功伟业，就一定得去做惊天动地的大事，但他们往往不懂得，梦想只有在脚踏实地的工作中才能得以实现。志当存高远，虽然没有错，但高远的志向必须靠一步一个脚印走出来。在实际工作中，我们往往要面对很多重复、枯燥、单调或者烦琐的事情，这是无法回避的问题。不要让浮躁的情绪打败自己，将心态放低，沉住气，对每一件小事都应力争高效完成，尝试着超越自己。这样，即使机遇没有光临，你也在为机会的来临而积极筹备，并且提升着自己的能力。

过分的个性张扬：带来的只有浮躁和抱怨

在这个崇尚个性的年代，很多人都在努力追求个性，追求一种与众不同的特质，一种不因潮流而改变并且随着时间的推移沉淀下来的品格。现代人，在不同场合都在努力体现、张扬自己的个性，职场人也不例外。

作为年轻一代的职业人，个性更是他们标榜自己、体现自身价值的“工具”，也是他们在职场发展的重要品质。只是，作为个体对象，我们都欣赏个性，但在一个团队、一个大环境中，太过强烈的个性，在让人们变得与众不同的同时，也会显得格格不入，更不利于自身的发展，严重的甚至会阻碍发展。

对于职业人来说，职场就是他们的战场，是他们幸福生活的源泉，所以，为了获得更长久的发展，在彰显“个性”的同时，还应该彰显一份作为职场人的“共性”：踏实做事，过分的个性张扬只能使他浮躁和抱怨连篇。

梁倩是典型的个性张扬的人，她凡事我行我素、锋芒毕露。也因为这样的秉性，31岁的她，已经跳了五次槽。她的个性使她不仅不给领导“面子”，在工作中还经常挑三拣四、浮躁不踏实。来这个公司前，她在一个著名的世界五百强企业做业务员，高层起初非常看好她，也对她委以重任。

但在日常工作中，上层渐渐发现梁倩桀骜不驯，对上层的工作不积极配合，对上级的决定不是不服从就是抱怨不休。而她之所以离开以前那个有良好发展的公司，也是因为过分张扬的个性。辞职的前三个月，公司接到一个项目，梁倩被安排负责市场调研。在做提案的时候，梁倩不服从上层的决定，与公司上层发生分歧。梁倩坚持选择与他们长期合作但没有背景的市场公司继续合作，但公司上层则希望她能换另一家公司。梁倩断然拒绝，理由是她认为凭经验判断自己的决定是正确的，她的态度让高管很尴尬。

有人劝她别和高层对着干，但梁倩就是不答应，她认为自己的做法是最符合公司利益的，但最终梁倩只能在高管的决议下让步。

从那以后，梁倩的工作越来越难开展，上层对她的工作业绩也不再肯定，做好做坏，做多做少，似乎这一切都是梁倩自找的。个性得不到发挥的梁倩，不仅对工作越来越不上心，而且多了浮躁和抱怨，自己常常对上层颇有微词。时间一长，部门内部也传出了闲言碎语，认为她自我感觉太好，得罪了上层，也连累了他们。迫于无奈，梁倩选择了辞职。

梁倩过分张扬的个性带给她的是离开的苦果。分析梁倩过分张扬的个性背后，其实是她对企业的不认同，对上层的不服从，对工作的浮躁和抱怨，最终为她的结局埋下了祸根。

在这个追求个性的年代，每个人都或多或少有些完全属于自己的东西，或许这就是个性。有个性的人确实与众不同，也有魅力，但个性毕竟也有它的局限性，如果在任何场合都要强调、张扬个性，这样的做法就有些太狭隘了。尤其在职场这个人际关系错综复杂的地方，并不适合太彰显个性，正相反，在这里，人们更看重和接受的是“共性”，是融入和协调。这就需要我们按照上级的指令，做好自己手中的事情。

对于多数有个性的员工来说，应该做到以下几个方面。

1. 个性张扬要适度

员工在崇尚个性时，往往讲自由要权利，却不愿承担与之相配套的责任与义务。对于只要自由与权利的员工来说，我们要注意，张扬自己的个性不是件坏事，但一定要适度，而且并不是一定要通过与老板对抗的方式来实现。

2. 张扬个性也要服从要求

企业需要员工的个性发展，但不顾及环境和企业的管理要求，随便发表言论，工作随心所欲，与人难融合、难沟通、听不进别人的意见等行为，是用人单位所不容的。企业倡导员工个性发展是指根据员工能力和个性的不同，有针对性地为员工设计发展通道，并允许员工在一定的范围内进行选择，但绝不能理解为没有约束地去发展员工的个性。所以，我们绝不能为了张扬自己的个性而不顾及企业的要求和周围的环境。对企业员工而言，一定要服从组织的利益，将组织利益置于个人利益之上，只有这样，个人的才华才能得到发挥。

成功是慢火熬出来的

成大事者往往经得住煎熬，耐得住寂寞。黎明前的时刻是最黑暗的，这段时间往往也最宝贵。明代的吕坤在《呻吟语》中写道："在遭遇患难的时候，内心却居于安乐；在地位贫贱的时候，内心却居于高贵；在受冤屈而不得伸的时候，内心却居于广大宽敞，就会无往而不泰然处之。把康庄大道视为山谷深渊，把强壮健康视为疾病缠身，把平安无事视为不测之祸，那么你在哪里都不会安稳。"吕坤说的三个"在"，就是"熬"的真正态度。

慢火"熬"出伟大的成就。在遇到困难时，多数人是重新选择而不是将原来的选择坚持到底，成功者与常人的差别并不是智商而是一种毅力。伟大是熬出来的，对信念的执著不能靠一时的小聪明。只有忍受住寂寞与困难的煎熬，才能百尺竿头更进一步。

万通地产创始人冯仑被喻为地产业的思想家。几年前，提起万通人们或许只会想到北京阜成门地铁边上那个小商品批发市场，现如今更多的人则会将其与万泉新新家园、亚运新新家园、新城国际等房地产项目联系起来。目前，万通已是房地产界的一个大腕级公司。

以下是冯仑先生对当代青年的忠告：

男孩子最大的问题，是30多岁自己还没有找到出路。

现在社会反差特别大，想要坚守自己的人生目标就特别难。随波逐流总是成本低，但对自己不负责任，不如设定一个特别大的目标，然后熬，一直熬下去。

熬是个什么概念?

20多岁刚毕业，你是社会的边缘，什么事都是哥哥、姐姐、三四十岁的人在做，你得求这些人；等到30多岁你开始进入到剧场最后一排，有了一张门票可以看别人演；到40、50岁就是中排靠前一点的观众，看戏你就可以看得清楚了；你如果要出类拔萃就得去第一排，再出类拔萃你就成演员了，等到你演完了，别人一鼓掌你也就该下场了。

20多岁一定要有一个准备，你就是边缘，边缘是尽快拿到入场券。比如说你到了公司，有了一个稳定的职业，或者一个基本稳定的生活。但是你骑自行车、赶公共汽车这就是入场券，很正常。我研究生刚毕业，中间工作八年，每天骑自行车赶到374，然后坐公共汽车，公共汽车下来再走一站地，回头想来不委屈。20多岁肯定是这个过程，如果20岁就像跟50岁人一样，那这个戏就乱了，中国十几亿人都这么演的。插队是偶然性，比如像丁磊，他是另外一种人生，这种概率极小极小，你可以朝着目标奋斗，成功不是设计出来，是靠信念支撑，加上各种机遇偶然蹦出来的。当你成为演员，基本上也该谢幕了。接下来又来了新演员，这个戏才能不断唱，现在70多岁人基本上又退回到场外了，看他儿子演、孙子演，就这么一茬一茬。

熬要有耐心，熬不是你一个人熬，而是一代人熬。

冯仑先生的忠告令人深思。任何人的一生，都是一趟漫长的旅行，沿途有无数的坎坷和泥泞。我们要以熬药、熬粥、熬汤的态度对待人生，能够忍耐，能够战胜坎坷，将日子慢慢地熬，耐心地过，每一天都过得香甜有滋味。

职场上风云莫测，经常会出现令人措手不及的情况，沉不住气不仅于事无补，反而会令自己陷入茫然中不能自拔。相反，沉着冷静是极其可贵的，在危机到来时仍然保持头脑清醒，知道现在该做什么、怎么做，才能从根本上解决问题，扭转乾坤。你以足够的耐心，摆出一副打“持久战”的架势与时间对垒，以守对攻，足以守得云开见月明。

坚守原则，经得住外界的诱惑

商业社会里，人们都格外看重个人的利益，然而丧失忠诚就会得到耻辱。面对诱惑，无数人禁不住考验而丧失忠诚，昧着良知出卖了一切。其实，当他在出卖一切的时候，他也出卖了自己。

一位哲人说：“当你周围的人通过种种欺诈手段和不忠行为而暴富起来的时候；当其他的人摇尾乞怜，一心向上爬的时候，你要保持自己的尊严和清白，不要同流合污；当有的人靠阿谀奉承换来一个又一个‘成就’的时候，你要善于保持内心的宁静，不要因他人的这些成就而痛苦；当你见到有些人为了名利像狗一样爬行的时候，你要能顶住世俗的压力，敢于特立独行，出污泥而不染，要修炼成品德高尚的人。那些品德高尚的人会凭借自己的忠诚去制胜，具有忠诚原则的人为了不失职，即使牺牲自身的利益也在所不惜。”所以，当今职场需要的是那些能抵制诱惑，并向企业展示其忠诚的员工。

马尔蒂斯最近准备换一份工作，以原来工厂在行业上的影响力以及他自身的能力，要找一份工作是轻而易举的事情。而且，很多公司很早以前就邀请过他，但马尔蒂斯都拒绝了。因为，马尔蒂斯是一家金属冶炼厂的技术骨干，他知道那些开出优厚报酬的公司肯定对他另有所图，于是他决定自己选择一家公司——全美最大的金属冶炼公司去应聘。

给马尔蒂斯面试的是该公司负责技术的副总经理，他对马尔蒂斯的能力很满意，但是在最后他仍然提出了一个让马尔蒂斯回避的问题，那就是希望马尔蒂斯能透露他所在厂家正在进行的研发进展和成果。

但马尔蒂斯却回答说：“我非常失望您提出这个要求。我知道市场竞争确实是需要一些非常手段，但作为曾经的研发人员，我不能答应您的要求，因为我有责任忠诚于我曾就职的企业。尽管我已经离开它了，但在任何时候我都会这么做。在我看来忠诚和信守诺言比获得这份工作重要得多。”

当其他人知道马尔蒂斯的回答后，都替他感到惋惜，惋惜他和这份很多人梦寐以求的工作擦肩而过。

但就在马尔蒂斯准备去另一家公司应聘的时候，那位副总经理给马尔蒂斯写了一封信，信中写道：“马尔蒂斯先生，你被录取了，不仅是因为你的能力，更因为你忠于自己的企业，时时刻刻都想着为自己的企业保守商业机密！”

马尔蒂斯用忠诚为自己迎来了职业生涯的又一个春天。每个公司的发展和壮大都是靠员工的忠诚来维持的，如果所有的员工对公司都不忠诚，那这个公司的结局就是破产，这就解释了企业重视忠诚的原因。

在诱惑面前经不住考验，背叛公司，也就是背叛自己，这样的人，不仅会背负职业的污点，整个职场生涯也会因此而蒙上阴影。

一个不能为企业保守商业机密的人无论到哪家企业都不可能得到老板的器重，哪怕他有出众的才华，也不会得到重用。

忠于公司就是忠于你自己，背叛公司，背叛老板，其实也就是背叛你自己。作为公司的职员，任何时候都要在心里放一条准则：可为与不可为，绝不能够去做背叛公司的事情。深缄己口，保守公司的秘密。“我要检点自己的行为举止，不做各种害人及恶劣行为，尤不做诱奸之事。凡我所见所闻，无论有无业务关系，我认为应守秘密者，我愿保守秘密。倘使我严守上述誓言时，请求神祇让我生命与医术能得无上光荣，我若违誓，天地鬼神实共殛之。”希波克拉底如是说。不说自己不能说的，这是一个人职业道德的体现。

我们应当时刻提醒自己：在工作时不要受到外界的诱惑；面对诱惑时要时刻想着公司的利益。在这种职业责任感下，我们才能成为某一责任或者某一职业的优秀承担者，才能在众多的竞争中，脱颖而出，成为公众认可的优秀员工。

坚持到底：沿着既定的方向坚持下去

美国第三十四任总统艾森豪威尔说过：“在这个世界，没有什么比‘坚持’对成功的意义更大。”好事多磨，成功的获取是一个漫长而艰辛的过程，通往成功的每一步都蕴藏着很多的困难和挫折，要想做事成功，实现人生的梦想，就必须戒骄戒躁，具备战胜困难的耐心和不达目的决不罢休的执著精神。只有有耐心的人才会无往而不胜，首先获得成功。

“登泰山而小天下”，这是成功者的境界，如果达不到这个高度，就不会有这个视野。但是，若想到达这个境地亦非易事，人们从岱庙前起步上山，入南天门，进中天门，上十八盘，登玉皇顶，这一步步拾级而上，起初倒觉轻松，但越到上面便越感艰难。十八盘的陡峭与险峻曾使多少登山客望而却步，游人只有振奋不达目的决不罢休的精神，才能登上泰山绝顶，体验杜甫当年“一览众山小”的酣畅意境。

像登泰山一样，世上越是珍贵之物，越是让人羡慕的成果，则费时越长，费力越大，得之越难。即便是燕子垒巢，工蜂筑窝也都非一朝一夕的工夫，人们又怎能企望轻而易举便获得成功呢？天上没有掉下来的馅饼，点石成金需耐力和恒心。

赫伯特·斯宾塞在76岁的时候完成了他的巨著的第10卷，世界上很少有什么成就能超过这件耗尽一生的宏伟作品。斯宾塞在写作过程中经历了无数挫折，尤其是在健康状况很差的情况下，他仍然朝着既定的目标努力工作，直到成功。

博物学家奥杜邦带着他的枪支和笔记本，用了两年时间在美洲丛林里搜寻各种鸟类，画下它们的形状。这一切完成后，他把资料都封存在一个看来很安全的箱子里，就去度假。度假结束，他回到家中后，打开箱子一看，发现里面居然成了鼠窝，他辛辛苦苦画的图画被破坏殆尽。这真是一个沉重的打击，然而奥杜邦二话不说，拿起枪支、笔记，第二次进入丛林，重新一张一张地画，甚至比第一次画得还好。

他们的作品并不是借着天才的灵感一蹴而就的，而是经过精心细致的雕琢，直到最后把一切不完美的痕迹都除掉，才表现得那么高贵典雅。坚持是所有成就伟业者的共同个性特征。在职场中，想要做出一番事业，也要有坚韧的品格。不管遇到多少困难，不管遭到多少挫折，都要坚持下去。

这个社会，往往一个人懂得的东西越多，越受欢迎。在校园里，多才多艺的人会受到众人的追捧；在工作中，通才型员工的成功概率也要相对大得多。于是在这样的形势下，我们不再安于专做一件事，而是希望样样会，我们广泛涉猎，事事参与，出现了"提起样样行，干起样样松"的现象。然而，社会之大，所涉及的专业之多，恐怕不是我们用一两只手就能数得过来的。一个人的精力是有限的，我们不可能把所有的事情都做到最好。所以，与其把所有的精力分成若干等份，让自己在每个岔路口都走一段路，不如沉住气，只朝着通往自己人生目标的一条路走下去。

张顺利现为中国兵器工业集团甘肃银光化学工业集团有限公司科研所905工房仪器分析组组长，据说他在组里文凭是最低的，技术水平却是最高的。

2004年，银光公司科研所仪器分析组引进了一台英国马尔文公司的MS-2000型激光粒度仪，该仪器的测量精度高、范围宽、速度快，是较为先进的粒度分析仪器。为了尽快熟悉仪器的使用和操作方法，张顺利主动参与该仪器的验收、安装及调试过程。他发现该仪器的操作并不难，难的是将它合理地运用到各种产品的分析中。因为随着物质粒子的不同，从分散剂的选择到样品的配置、泵的转速、超声波的强度以及遮光度的选择等都有所不同。

为了让这台先进仪器尽早发挥作用、指导生产，科研所为他们请来了专家，进行关于不同物质粒度选择不同分析条件等相关知识的培训。然而20天短暂的培训对于掌握这台高精度分析仪器而言是远远不够的，于是，张顺利带着组员开始投入到这台仪器使用方法的研究中。

他们先找来不同粒度的801、101产品，根据学到的知识进行分析，再将分析结果与标准进行比较，不断摸索仪器的各项参数与物质粒子之间的关系。那段时间，张顺利仿佛又回到了刚进入仪器分析组工作的日子，学习再次成了他工作的一个重要部分。

为了找到更多的相关资料，张顺利给自家的电脑上了网，下班回家他就当起“网虫”，痴迷地浏览与激光粒度仪、物质粒度分析有关的资料。第二天一大早，他又第一个出现在工房，在仪器前做各种试验，来验证自己刚刚学到的知识，钢笔水、面粉、硅藻土等都成了他的试验品。在他的带领下，组员们也热情高涨地参与到这项工作中，形成了良好的学习、交流氛围。短短两个月，他们经历了从不懂到懂，再到熟练，直到分析数据准确无误的过程。现在他们已运用这台先进仪器配合生产完成了多项试验，在改进产品配方上发挥了积极作用。

张顺利就是凭借着这种坚持不懈的钻研精神，成为一个没有高深的学历文凭，却有着骄人业绩的技术能人。在工作中，越是困难的时期，越是要坚持不懈。成功就在于比别人多坚持一会儿。在一切正常的情况下，大多数人在困难中很容易放弃自己的目标和意愿，只有那些决心成功的人才能够坚持到最后。

布尔沃说：“恒心与忍耐力是征服者的灵魂，它是人类反抗命运、个人反抗世界、灵魂反抗物质的最有力的支持，它也是福音书的精髓。从社会的角度看，考虑到它对种族问题和社会制度的影响，其重要性无论怎样强调也不为过。”

成功最忌“一日曝之，十日寒之”“三天打鱼，两天晒网”。遇事浅尝辄止，必然碌碌终生而一事无成。人们渴求事业成功，却不愿持之以恒地努力；盼望长命百岁，却不理解生命的意义。其实，人的生命是由许许多多的“现在”累积而成的，人只有珍惜“现在”，不懈奋斗，才能使生命光彩，事业有成。

对于想在职场有一番作为的人来说，坚持是最好的助推器。谁能不停止一次又一次地尝试、打击和收获，谁就能一次又一次地靠向成功。不管你的工作是什么，都要以一种坚韧的力量坚持下去。咬紧牙关，对自己说“我能行”，让“坚持目标，矢志不渝”成为你的座右铭。当你内心听到这句话时，就会像战马听到军号一样有效。

将注意力集中在一件事上

许多人在日常生活中，总是感觉到工作太多，忙不过来，总有人每天风风火火、急急忙忙，还不断地出错误。导致这一现象的一个很大的原因，就是这些人没能学会一事一清。古往今来，凡是卓有成就的人，都有一个共同点，那就是将注意力集中在一件事上，专心致志，集中突破。

爱迪生认为，专注是高效执行的第一要素。他说：“能够将你的身体和心智的能量，锲而不舍地运用在同一个问题上而不感到厌倦的能力就是专注。对于大多数人来说，每天都要做许多事，而我只做一件事。如果一个人将他的时间和精力都用在一个方向、一个目标上，他就会成功。”

做事专注，是一个员工的良好品格，一个人不能专注于自己的工作，是很难把责任落实好的。如果你在上班的时候，脑子还在挂念今天有什么球赛，或者回味着昨天夜晚的狂欢，甚至考虑着怎样完成另外一份工作，那你就连最基本的“专注”都没做到，根本就谈不上什么爱岗敬业，也更不可能有专与精了，只会在混乱和无助中了结自己的职业生涯。在现在的社会中，想必没有哪个企业会接收做事三心二意的员工，没有哪个老板会重用这样的员工。只有那些工作专心致志的人，才能更好地把握工作中的机会，也才能受到老板的器重和提拔。

李荣华在一家广告公司做创意文案工作。一次，一个著名的洗衣粉制造商委托她所在的公司做广告宣传。

连着几天，李荣华在办公室里抚弄着一整袋洗衣粉。有一天，她在苦思之余，把手中的洗衣粉袋放在办公桌上，又翻来覆去地看了几遍，突然间灵光闪现，想把这袋洗衣粉打开看一看。于是找了一张报纸铺在桌上，然后，撕开洗衣粉袋，倒出了一些洗衣粉，一边用手揉搓着这些粉末，一边轻轻嗅着它的味道，寻找灵感。

突然，在射进办公室的阳光照耀下，她发现了洗衣粉的粉末间遍布着一些特别微小的蓝色晶体。审视了一番后，证实的确不是自己的眼睛花了。她便立刻起身，亲自跑到制造商那儿问这到底是什么东西，最后得知这些蓝色晶体是一些“活力去污因子”。因为有了它们，这一次新推出的洗衣粉才具有了超强洁白的效果。

得知这一信息后，李荣华回去便从这一点下手，绞尽脑汁，寻找最好的文字创意，因此推出了非常成功的广告方案。广告播出后，这个产品的销量急速攀升。

李荣华专注于自己的工作，才会获得“活力去污因子”的灵感，从而找到新的突破点，推出了成功的广告方案。

专注是通往成功的“捷径”。一心一意地专注于自己的工作，是每个责任落实者获取成功不可或缺的品质。只有将光与热聚焦到一个点上，才能产生最大的能量！不专注的结果是分散自己对工作的注意力，致使工作效果趋于平庸。一个卓越的落实者一定能够把他自己完全沉浸在他的工作里。

因为专注，我们会对自己的目标产生虔敬之意；因为专注，心中会泉涌般滋长出创造的灵感与灵魂的愉悦；因为专注，我们会更容易靠近成功的内核。当你能够一心一意地去做每一件事时，成功就会在不远处向你招手。

聪明的人懂得专注的重要性，他们做事的时候，能够沉得住气，坚决不让自己的精力分散开来。只有这样，才能坚持一件事而最终取得成功。那么，如何才能培养自己的专注力呢？以下有四点建议：

1. 要做到不脱离主要目标

著名的成功学大师卡耐基建议：在行动时我们要分清目标的轻重缓急，如果随意地胡乱瞎抓一气，结果只能是“事倍功半”，甚至是“劳而无功”；在执行过程中要善于把握事情的关键，不能不分主次，甚至把力气都使用到次要方面，导致总目标的偏离，这样，付出的代价再多也无济于事；目标的调整应当谨慎、可行。一般情况下，在目标的修正上只能做些微调，而不能彻底改变，偏离目标的抉择，造成的损失无疑是十分惨重的。

2. 要学会集中精力

职场上成千上万的人之所以无法将责任落实好，并不是因为他们没有才干，实在应该归咎于他们不肯集中精力专注地去做最应该做的工作，他们过于分散自己的精力，而且从未顿悟。其实，如果把那些七零八碎的欲望消除，用自己所有的精力集中去培植一个花朵，那么它将来一定会结出令你惊讶地十分美丽丰硕的果子。无论发生什么，一定要管好你的心，让它关注应该关注的事物。

3. 一次只能做一件事

凡是卓有成就的人，他们都有一个共同点，那就是很注意把精力用在做一件事情上。著名的效率提升大师博恩·崔西有一个著名的论断：“一次做好一件事的人比同时涉猎多个领域的人要好得多。”富兰克林将自己一生的成就归功于“在一定时期内不遗余力地做一件事”这一信条的实践。

4. 锻炼自己的意志力

锻炼自己的意志力，咬紧牙关，坚持在一定的时间段内只做一件事情，依赖于意志力的驱动和坚持不懈的努力，有意识地、自觉地训练自己对工作的专注力，提高自己的执行力。

从最“基层”当起，从最“简单”做起

每一个为自己工作的员工，都应该把甘心从基层做起当做自身工作的一个原则，不因事小而忽视，不因事情简单而松懈。当我们以做大事的心态来对待基层小事时，自然能为自己由基层走向高层打下基础。

工作没有高低，只有分工的不同。有些人负责一些比较重要且引人瞩目的工作，有些人负责的则是常被人们忽视的基层的一些琐事。假如做的是这些基层的工作，要处理那些不受到重视的琐事，或许很容易就会感到沮丧。成功的人在工作中的一个很重要的习惯就是甘心从基层做起，在这些人看来，越是在不显眼地方越有好的表现，越是容易达到成功的高峰。

在工作中，任何基层的事，都事关大局，牵一发而动全身，每一件细小的事情都会通过放大效应而凸显其重要影响。工作无小事，任何事情都是由一个又一个小事构成的。企业中的每一个员工，都是企业运转的一个重要环节，他们的工作质量会影响到整个企业的工作质量。因此，作为一个员工，只要是工作上的事情，无论事大事小，无论是基层还是管理岗位，我们就要端正工作态度，努力去做好。

王达鸿是一所知名大学的毕业生，他以优异的成绩应聘进入一家大公司。他胸中豪情万丈，一心只想鹏程万里。不料上班后才发现，总经理给自己安排的是最基层的工作。每日工作任务都是些琐碎事务，既不需要太多智慧，也看不出什么成果，心便渐渐地冷了下来。

一次公司召开全国性经销商会议，部门同仁彻夜准备文件，分配给他的工作是装订和封套。

总经理再三叮嘱："一定要做好准备工作，别到时弄得措手不及。"

王达鸿听了更是不快，心想：初中生也会的小事，还用得着这样嘱咐吗？于是根本没理会。

同事们忙忙碌碌，王达鸿也懒得帮忙，只在旁边看报纸。文件终于交到他手里，他开始一件件装订。没想到只订了十几份，订书机"咔"地一响，订书针用完了。他漫不经心地抽开订书针的纸盒，脑中"轰"的一声——里面是空的。

所有人翻箱倒柜，不知怎的，平时满眼皆是的小东西，现在竟连一根都找不到。

那时已是深夜十一点半，文件必须在次日八点大会召开之前发到经销商手中。

总经理咆哮道："不是叫你做好准备的吗？连这点小事也做不好，大学生有什么用啊！"

他低头无言以对，脸上却像挨了一巴掌。几经周折，他在凌晨四点找到一家通宵服务的商务中心，终于赶在开会之前，微笑着将文件整齐漂亮地发到代表手中。

没人知道，他已是彻夜未眠。事后，他灰头土脸地等着训斥，没想到平时严厉得不近人情的总经理，却只说了一句话："记住，即使是再小的工作也有价值，从小事做起、从基层做起才能干好大事。"

工作之中无基层小事与高层大事之分。就像上例所说，即使是看起来初中生也会做的装订的基层小事，也许就会成为影响整个会议进程的决定性因素。每一件微不足道的基层小事都可能会影响你的业绩，使公司遭受损失。不要小看基层小事，不要讨厌基层小事，只要有益于自己的工作和事业，无论什么事情，我们都应该全力以赴。用基层小事堆砌起来的工作才是真正有质量的工作，用基层小事堆砌起来的事业大厦才是坚固的。细微之处见精神，有做基层小事的精神，才能产生做大事的气魄。

在工作中，注重基层的小事，实际就是对自身素养、品行、学识进行一次修炼，千万不要因为小或者低微就持鄙视的态度，这会使你失去一次锻炼的机会，也减少了一次提高的可能。

扎根基层需要我们做好这样几项事情：

1. 脚踏实地，专注于每一个基层的工作

很多人渴望发现自己的价值，渴望成功，但却总是忽略身边所存在的机会，不屑于从基层简单的工作细节做起。这样就失去了很多展示自己价值的机会和走向成功的契机。不屑于做基层平凡小事的人，即使理想再壮丽，也只能是一个五彩斑斓的肥皂泡。想要壮志凌云，必须脚踏实地，专注于工作。

2. 看重责任和义务

观察职场就会发现，现今一些职场人士走向了一个极端：过于强调自身的价值，过分索取，却忽视了责任和义务。特别是一些初出茅庐的大学生，实际经验没多少，要价却很高，即是一证。

不难看出，其实这里所谓的"工作经验"，不仅仅指一般所说的工作经验，更多的是一种态度，一种被社会现实打磨出来的直面现实的心态。做事情时踏实认真，肩负责任和义务，无论事大事小、基层或高层都如此。

3. 从做好小事开始

作为普通员工，其实大部分时候，都是在处理一些基层小事。事情大小不是问题，怕只怕小事也做不好，小事也做不到位。其实身边本无小事，很多人不屑于做具体的事，不屑认真对待小事，总盲目地相信“天将降大任于斯人也”。殊不知，能把基层岗位上的每一件事做成功，做到位，就是为“大任”的到来做铺垫、做准备了。

Who Are You Working For?

第十三章 积极进取，为自己做到最出色

不怕被利用，就怕你没用

宁在尝试中失败，不在保守中平庸

不要有“错了，改一下就好”的想法

我们要为自己争取最好的座次表

永争一流，向着完美进军

树立自己的品牌优势

不怕被利用，就怕你没用

自然界中，有一种动物叫绿虾，它的一生都生活在扁鱼的嘴里，这听起来是一件非常危险的事。但令人惊奇的是，扁鱼绝不会把绿虾吞进肚里，因为绿虾会以自己身体的晃动来吸引其他小鱼成为扁鱼的食物。于是，绿虾成了扁鱼生活的一部分。扁鱼本能地知道，它不但不能吃掉绿虾，还要好好地保护绿虾，夜晚把绿虾含在嘴里，让它留宿。只是绿虾一旦老了，或是不能再为扁鱼引诱食物了，扁鱼便会把它赶走，再换另一条年轻的、有用的绿虾。

其实扁鱼和绿虾就是在相互利用，这在自然界是一件很平常的事，不管是动物还是植物，都有这种相互依存、共生的关系，而一旦有一方没有了利用价值，便会被另一方抛弃。它们互相依存的原则，就是有用还是没用，简单得泾渭分明。

仔细想想，人类社会何尝不是如此呢？人与人的关系，无法避免会互相利用。在职场中，同事之间各自在追求己方利益最大化的同时，必然会有一个和对方利益冲突的过程。但不管怎么样，只要你被利用了就说明你在别人那里是有价值的，这是一件值得庆幸的事。

从古至今，被人利用从而达到成功的人不胜枚举。大智若愚，讲的就是被人利用了，却装作不知道似的，从而达到反利用的目的，通过被利用来成就自己，这才是最高明的境界。

台湾著名电视制作人陈光陆在最初进入电视台时，还是台里一个名不见经传的节目助理。当时他要负责所有的杂务，有时还要整天整夜地工作，非常辛苦，但是薪水却非常低。

为此，陈光陆非常苦恼，认为自己的前途黯淡无光，并向朋友们倾诉，但是朋友告诉他：也许你对现在的工作不满意，认为太辛苦，回报太少了，但是现在的工作不好找，有些人想忙碌都没有机会，所以还不如先在这一行认真地做下去，一边干一边看。

陈光陆觉得朋友的一番话很有道理。的确，虽然工作并不称心，但至少还有一份工作，只要在忙碌着，就说明自己有价值，只要肯努力，就能创造更多的价值。

于是，陈光陆决定在节目助理的工作上坚持做下去。后来，他又对电视制作产生了非常大的兴趣，并虚心向制片人请教。

虽然他的职位还是节目助理，但是他所创造的价值早已超出了他的薪水，他不仅愿为企业所利用，同时也自我利用，主动去做和制片相关的工作。

两年之后，陈光陆的制片水平已经到了炉火纯青的程度。他策划的著名歌星邓丽君《君在前哨》的专题节目，被提名金钟奖，在台湾非常受欢迎。陈光陆的成绩也被电视台领导看在眼里，很快便对其委以重任。

天生我材必有用，即便你有再多的才能，不被利用你也无从发挥。在工作中被利用，你才能闪光，才能创造和显现自身价值；在企业中能够被利用，你才算是真正有用。

一些人总是喜欢利用别人，而不喜欢被利用。当一个人没有正确对待“被利用”时，就会一味地抱怨自己被利用了，同时也会觉得生活一点乐趣都没有。而那些能够正视“被利用”的人，就会懂得抓住他人利用自己的机会，从中受益。

当然也有许多人终其一生，只是过着得过且过的生活，这并非他们想要的。很多人怕被他人利用，不敢去面对现实，所以，他们选择逃避，选择碌碌无为的生活。

那么我们应该如何面对被利用呢?

首先，要乐观对待被利用，认清对自己有益的方面。因为被利用，我们有了发展的台阶，有了生存的资本，这种被利用，何乐而不为?

其次，我们在被他人利用时，也在利用他人，当很多事物或人值得你去利用，并有机会利用时，你也要抓住一切机会去利用。人人为我，我为人人，勇于让别人利用你，别人也会在你需要时，为你所用。

最后，我们要积极提高自己的利用价值，不妨从自身学习修炼开始。古人说:“学如逆水行舟，不进则退。”自身价值的最好体现便是自己的学识情况。如果一个人没有才学，那么走到哪里都会被人看不起。特别是当你在工作中，碰到同事让你做某件事，你却一问三不知的时候，别人下次铁定就不会再找你了。因为只有当你去拓展自己的知识时，才能扩大自己的发展空间。

总之，工作中，我们都在努力地实现自我价值。若不被人利用，就永远也找不到自己的存在价值。只有在被人利用当中，学会审时、学会度势、学会交友，才能学会生存之道，否则的话，就会被社会淘汰出局。既然如此，何不心存感恩，笑着面对利用你的人呢?

宁在尝试中失败，不在保守中平庸

杨澜曾经说过：“宁在尝试中失败，不在保守中平庸！”为什么她这样讲？因为她明白，所谓保守，也就是满足于现状，甘于平庸，一个人一旦有了这样的想法，要赶紧打消，因为这在某种意义上已经是一种失败了，而这种失败比“尝试中的失败”更没有价值。

我们一旦甘于平庸，即使不马上被宣告失败，也已经决定了不可能再取得更大的成功。事实上，做一个不甘平庸的人的确需要莫大的勇气，因为在这个过程中，总是会伴随着很多风险，还要具备一定的冒险精神。有些人因为惧怕遭受挫折，遭受失败，就甘于平庸，不求进步，却不知道甘于平庸本身就已经等于失败，等于关闭了通向成功的大门。

成功是在平凡中累积和沉淀的，而不能以正确的心态看待平凡，吃亏的必将是自己。如果你一心想着一飞冲天，却不能脚踏实地地走好每一步，最终也只能做个成功的“空想主义者”。

王建文是一家汽车修理厂的修理工，技术很过硬，就是喜欢喋喋不休地抱怨工作。“修理这活太脏了，瞧瞧我身上弄的”“真累呀，我简直讨厌死这份工作了”诸如此类的话很多。王建文几乎每天都在抱怨和不满的情绪中度过，他认为自己在受煎熬，在像奴隶一样卖苦力。因此，王建文每时每刻都窥视着师傅的眼神与行动，只要一有机会，师傅不在身边，他便偷奸耍滑，应付手中的工作。

转眼几年过去了，当时与王建文一同进厂的三个工友，各自凭着在工作中磨炼出的精湛手艺，或加薪晋职，或被公司送进大学进修，或是独当一面，开辟了属于自己的新事业，唯有王建文，仍然在抱怨声中做他讨厌的修理工。

身在职场，要避免使自己流于平庸的泥沼，要把握现在而成就明天的卓越。今天你可能做着看似卑微的工作，人们对你不屑一顾；而明天，你可能通过知识的不断丰富和能力的提高以及修养的升华，让世人刮目相看。在时代发展一日千里的今天，只有抱着不断超越平庸，绝不安于现状的心态，才能不断提升，成为职场中的常胜者。

不要轻视你的工作，要以积极的态度和敬业的精神去面对。在我们的一生中，我们可能无法选择我们是富有还是贫穷，但我们却能够选择是否去履行那些贯穿于我们职业生涯中的职责。无论什么样的工作，只要你辛勤地去做，就能够证明自己的人生价值。人的生命价值就在于对职业生涯的贡献和成功，生命也会因职业而变得有力和崇高。

爱尔伯特·马德说："一个人，如果他不仅能够出色地完成自己的工作，而且能够借助于极大的热情、耐心和毅力，将自己的个性融入到工作中，令自己的工作变得独具特色，独一无二，与众不同，带有强烈的个人色彩并令人难以忘怀，那么这个人就是一个真正的艺术家。而这一点，可以用于人类为之努力的每一个领域：经营旅馆、银行或工厂，写作、演讲、做模特或者绘画。将自己的个性融入到工作之中，这是具有决定性意义的一步，是一个人打开天才的名册，将要名垂青史的最后三秒钟。"

2004年雅典奥运会男子110米栏赛场，刘翔第一个冲过终点，他凭借一己之力创造了中国田径史上的奇迹，他的夺冠让世界震惊。当五星红旗伴着庄严的中华人民共和国国歌声冉冉升起的时候，他站在最高领奖台上，让全世界为中国骄傲。但在此之前，又有多少人知道他的名字呢？当刘翔站在领奖台上，我们会说他成功了，这成功是靠他的运气吗？还是老天的垂怜？不，如果成功很容易得到，那成功就会变得很廉价。在每个成功者的背后，总有一段鲜为人知而又令人震撼的经历，都有着一段刻骨铭心的平凡岁月。

刘翔为了在雅典奥运会中取得骄人的成绩，不畏艰辛，刻苦训练。每天，他都要举着杠铃做下蹲起立，一做就是几千下。做起仰卧起坐来，一做就是几千个。他的教练为了让他练得更扎实，竟把他的腿用力地向上搬，先是放在自己的肩上，然后再把刘翔的腿一直搬到头颈。刘翔的脸上显露出一副疼痛难忍的表情，汗直往下流，通红的面颊上连青筋都鼓了起来。但他咬紧牙关，坚持着、坚持着……每天都要跨越无数个栏。为了成功，他放弃了与家人团聚，放弃了一切休闲娱乐……雅典奥运会上的12"91是他用无数个12"91换来的。

一个人必须尽己所能、精益求精地完成自己的工作，才能在平凡的起跑线上甩掉平庸，追赶卓越。

不甘于平庸，随之要面对的是更高的目标，更大的挑战。自然，超越自我，超越目前生活状态的过程总会碰见挫折，但是越过了挫折，迎接你的也就是更大的成功。我们活在这个世上，抱着随波逐流、随遇而安的观念是不可取的，因为你一定要先明白一个观念，那就是：一个人要首先有不甘平庸的念头，才会有行动，而只有真的付诸行动，才会有成功的可能。

如果你是一个渴望拥有卓越成就、拥有更美好人生的人，抛弃甘于平庸的想法是第一步，无论你现在是在自己人生的高峰还是低谷，都需要有更上一层楼的愿望，也需要有迈向更高点的决心。不甘平庸是优秀品质，也是潜在财富。

不要有“错了，改一下就好”的想法

身为员工，无论何时何地，“错了，改一下就好”的想法千万要不得。我们平时就要用心做事，不允许自己发生任何差错。只有秉承着这种“完美主义”的精神，我们才能逐渐提高工作质量，提升个人素质。

追求完美是不放过任何细节、做事精益求精。如果一个企业对产品质量的要求非常严格，重视每一个细节的完美，不允许产品的任何一个细节存在差错，一旦发现某个环节存在缺陷，宁可牺牲产品，也不会放宽对细节的完美追求。那么，这样的企业才能从优秀走向卓越。

奔驰汽车已经成为高质量、高档次、高地位的象征，是名副其实的名牌。它的品牌号召力在于它追求完美的高品质。

该公司的一位负责人说：为了杜绝质量问题，奔驰公司对于外厂加工的零部件，只要一箱里有一个不合格，那么这箱零部件的命运将是被全部退回。这种“宁可错杀一千，也不放走一个”的近乎苛刻的管理模式，最大限度地保障了产品的质量。

产品设计对于产品质量来说很重要，这就需要在产品开发的前期进行大量的市场调研，充分了解并掌握潜在客户对产品的需求信息和细节，以便于在产品开发设计过程中保持系统的有效性。奔驰汽车的设计闻名世界，因为他们把汽车设计的每个细节都切切实实地落实在生产过程中，才使产品趋于细致完美。虽然其他许多公司在产品的设计过程中，也都很尽心，但最终生产出来的同类产品，质量却与奔驰相差甚远。

奔驰公司一直秉承追求完美这一理念。奔驰生产的发动机要历经42道关卡的考验。有许多像焊接、安装发动机等比较单纯的机械劳动都采用机器人，这在一定程度上就避免了很多制造细节可能出现的问题。产品在生产组装阶段有专人负责检查，在出厂前由技师对所有的环节综合考证，检验合格后才能签字放行。最后哪怕是汽车表面的油漆有轻微划痕，都必须返工；哪怕对于一颗小螺丝钉，在组装上车前，也必须经过检查。

正是以追求完美为信条才能使企业拥有细心和细致，才能生产出最完美的产品，才有了产品的独到之处，才能使企业的可持续发展成为可能。细心留意一下身边，不难发现，那些能做成事业的人，都是倾向于完美主义的人。

也许有很多当会计的人，为了便于修改，常常会先用铅笔写，发现出了错误就用橡皮擦掉再重写，觉得这没什么大不了的。正因为抱着这种态度做事，所以经常是出现了很简单的错误却总是难以改正过来。

完美是一种境界，做到完美才能超越自我，卓尔不群。在这个丰富多彩的世界上，不在平凡岗位的人，寥寥无几。但在平凡的工作岗位上，取得优异成绩的人有很多，这就是超越平庸，追求完美的力量。只要我们时刻牢记超越，不断追求完美，一定能够成就自己职业生涯的辉煌。

严谨的工作态度和不断追求完美的工作作风是员工应必备的素质。我们现在能做的，不是研究别的，而是研究目前你在你的领域中到底排名第几？你销售的产品是不是居于尖端品牌？谁才是这个领域的龙头老大？现在就开始下定决心做得比他更好、更努力，超越他，那么你就一定会成功，并且实现你的人生梦想。

我们要为自己争取最好的座次表

2004年12月8日，中国联想集团斥资12.5亿美元，收购IBM全部PC业务，一步成为全球第三大PC厂商，进而迈入全球500强。柳传志就此事件在给全体员工的一封信中说：“这次并购是联想用进取创新精神取得的战略性突破，为中国企业走向国际化探索道路；这次并购成为中国企业在IT领域规模的国际直接投资，特别是与IBM的合作，大大提升了中国企业IT产业在全球的地位。日本和韩国在全球高科技的座次表中已经有了相当靠前的席位，然而他们在几十年以至二三十年前，也是由领先企业冒着极大的风险进行突破而逐渐形成了今天的地位。而联想现在起到的正是中国企业领头羊的作用。”

从这段话中，我们看到了联想的使命感，这次成功并购的战略性突破，也为中国进军国际市场带来了希望。作为企业，只有在国际市场上拥有靠前的座次表，才能有更好的发展前景，才能为自己赢得更广阔的利润空间。

企业要为自己争取最好的座次表，员工又何尝不是如此呢？关键在于，我们不能自满，不能满足于已经取得的成绩，要不断追求卓越，从而为自己争取更好的座次表。

维斯卡亚企业是美国20世纪80年代最为著名的机械制造企业。吉姆和许多人的命运一样，在该企业每年一次的用人招聘会上被拒绝，但是吉姆并不灰心，他发誓一定要进入这家企业工作。于是，他找到企业人事部，提出为该企业无偿提供劳动，请求企业分派给他任何工作，他都不计任何报酬地完成。企业起初觉得简直不可思议，但考虑到不用花任何费用，也用不着操心，于是便分派他去打扫车间的废铁屑。

一年下来，吉姆勤勤恳恳地重复着这种既简单又劳累的工作。为了糊口，下班后他还得去酒吧打工。尽管他得到了老板及工人们的一致好评，但没有一个人提到录用他的问题。

1990年初，企业的许多订单纷纷被退回，理由均是产品质量有问题，为此企业将蒙受巨大的损失。企业董事会为了挽救颓势，召开紧急会议，寻找解决方案。当会议进行了一大半还不见眉目时，吉姆闯入会议室，提出要见总经理。在会上，他就该问题出现的原因做了令人信服的解释，并且就工程技术上的问题提出了自己的看法，随后拿出了自己的产品改造设计图。

这个设计非常先进，既恰到好处地保留了原来的优点，又克服了已经出现的弊病。总经理及董事们觉得这个编外清洁工很是精明在行，便询问他的背景及现状。于是，吉姆当着高层决策者们的面，将自己的意图和盘托出。之后经董事会举手表决，吉姆当即被聘为企业负责生产技术问题的副总经理。

原来，吉姆利用清扫工到处走动的特点，细心察看了整个企业各部门的生产情况，并一一详细记录，发现了所存在的技术问题并想出了解决的办法。他花了一年时间搞设计，做了大量的数据统计，为最后一展雄姿奠定了基础。

吉姆正是靠着不断努力，细心观察，才为自己争取到了好座次。追求“最好的座次表”是一种素养，它体现的是一个人绝不碌碌无为的态度。随着职场竞争的加剧，企业对员工的要求会越来越多，一名普通的员工是没有竞争力的，重要的职位、优厚的薪金以及高级的职业荣誉，只会给予那些做得更好、追求最好的人。永远也不要认为自己已经做得够好了，在我们整个职业生涯中，追求最好的步伐不能有片刻的停留。

我们要努力使自己进入卓越的状态，具体一点，就是以那些典范人物的状态和特征为标准，不断督促自己调整心态，提高素质与技能，不断提升自己的座次，不断让自己进步，从平凡到优秀，从优秀到卓越。

在职场上没有终生的雇佣关系，如果你的发展跟不上职业的发展，你就会成为企业可有可无的人。作为一名从业者，如果你要避免被淘汰的命运，就要让自己追求最好，使自己成为品牌人物，这样才能确立自己在企业和行业的地位，才能在成功的道路上越走越顺。

永争一流，向着完美进军

生命宛如一条奔腾不息的河流。我们荡着双桨，在生命的河上不断向前拼搏，流淌着激情澎湃的誓言。而我们拼搏的过程，就是一个不断向前、不断超越的过程。

一个人，只有拥有永争一流的心态，不断实现自我从优秀到卓越的跨越，才能不断提升自己，才能向更远的目标迈进！

约翰·伍迪是一位成功的体育教练。年轻时，他多次参加奥运会，累计得过10枚金牌。在他执教的20多年里，又培养了11位得过世界冠军的运动员。

“你认为一个人要成功，最重要的是什么？”有一天，在一次训练的过程中，他的一个学生问他。

“永争一流，总是站在队伍的最前面。”约翰·伍迪说。

约翰·伍迪认为，作为一名运动员，在其成长过程中，会经历很多阶段，在任何一个阶段安于现状，都可能导致运动生涯的终止。比如，一个运动员如果取得地区冠军就满足了，他绝对不可能取得全国冠军；当他取得全国冠军就满足了，他绝对不可能取得世界冠军；当他取得一项世界冠军就满足了，他绝对不可能取得下一项世界冠军。

“生命不息，奋斗不止，我经常这样教导我的队员。”约翰·伍迪说，“他们没有让我失望。”

永争一流，从根本上说，是为了自身不断进步，不断进取的过程，更是重塑自我的过程。当运动员们尝试跳得更高一点儿时，他们实际上就是要重新塑造自我。这个新的自我所处的位置更高，必将会有更杰出的工作表现。

事实上，整个世界就是竞技场，每一个人从出生那天起，就已经投入到比赛中，比学习成绩，比工作成果，比事业成就，比家庭幸福……成功的人，总是那些永争一流的人，满足现状就意味着退步。

在对完美的苛求上，苹果2010年发布的iPhone 4差不多到了登峰造极的地步。

从用料到手感，iPhone 4的每一个细节都是经过精心设计的。玻璃的光滑质感和金属边框的磨砂质感在同一部手机上配合得天衣无缝，每一条曲线，每一个凹槽，每一个边角，都流露出设计团队对美感的不懈追求。

在制造工艺上，苹果规定iPhone 4主要零件的合缝间距不能大于0.1毫米，这个尺寸主要是为了避免打电话时夹到人的头发。据说，苹果测试iPhone 4时，测试员会拿着手机反复在脸颊上滑动，以确认没有一根头发会被手机夹到——可怜的测试员。

iPhone 4侧边的音量调节按钮上，加减号是两个凹下去的符号。苹果要求，即便是凹下去的部分，也必须平整、光亮。耳机插孔也是一样，金属触片的光洁程度、插口内沿的坡度等，都有细致的规定。

iPhone 4的包装盒把这种对细节的追求推上了顶峰。刚买回iPhone 4的读者可以做个简单的实验，用单手从桌子上轻轻提起iPhone 4包装盒，不要托盒底，也不要用力握盒盖，就让装有手机的盒子在盒盖里靠重力缓缓下滑。你会发现，盒身的滑落速度不快不慢，差不多8秒钟的时间，盒身就从盒盖里完全滑出——这不是巧合，而是精心的设计。

具有讽刺意味的是，几乎考虑了所有细节的苹果设计团队最终被工程团队拖了后腿。2010年iPhone 4一上市就惨遭“信号门”，用户手握金属边框时，手机天线居然会受到干扰。苹果为了消除iPhone 4信号问题带来的负面影响，一度显得狼狈不堪，连乔布斯在这场不大不小的尴尬中也有些左支右绌。

iPhone 4的“信号门”告诉我们，即便苛求完美如乔布斯的苹果，也还有百密一疏的时候。在追求完美的道路上，真的是永无止境啊！

如果说一个人的成功和优秀可以复制，那么我们复制的不是他的地位和机会，而是他的精神。“永争一流，追求完美”是一种面对困难时的坚强，是一种面对困境时的临危不乱，更是一种不达目的誓不罢休的坚韧。如何才能做到这样呢？

1. 独立性

独立性是指个体倾向于自主地选取决定和行动，既不易受外界环境的影响，也不易被周围人所左右。一个强者，首先必须独立，不依赖别人，这样他才能成为自己的主宰，让自己能够独立地存在。

2. 果断性

果断性是指善于在复杂的情境中迅速而有效地采取决定。欲求成功，把握时机很重要，时机是变化的、瞬间即逝的，只有处事果断，才能抓住有利时机。强者不仅要有强劲的韧性，还要有果敢的勇气。强者不是有勇无谋的武夫，而是智勇双全的勇士，他们能够随机应变，而不优柔寡断，“该出手时就出手”是强者的英雄本色。

3. 坚韧性

人生是一个漫长的过程，实现人生的总目标，需要数十年的奋斗。长时期地向着既定目标奋进、拼搏，必须具有坚韧的意志。强者可以被打败，但不可以被打倒，说的便是这种坚韧性。

4. 自制力

人不但是客观环境的主人，也应该是自己的主人。成功的人能根据正确的原则指挥自己、控制自己。自制，让强者时时进行自我规范、自我完善。用强大的内心规范自我，使得强者比平常人更加优秀。

不管你现在从事什么工作，不管你有什么样的技能，也不管你目前的薪水有多丰厚、职位有多高，你都应该告诉自己：我要永争一流。

树立自己的品牌优势

这是一个追求品牌的时代。在职场中，对于一个没有品牌优势的人来说，职场竞争是残酷的；而对善于为自己创造品牌的人而言，职场是充满诱惑的舞台。

当员工创建了以一当十的个人品牌后，其个人优势是他人无法取代的。那么，什么是个人品牌呢？其实这个词并不神秘，我们经常听说某某人敬业、某某人解决问题的能力很强、某某人擅长财务管理等，这就是品牌。

对于一个普通员工来说，个人品牌能使你在职场竞争中立于不败之地，有机会获得加薪或奖赏，甚至成为竞争对手争相猎取的“猎物”。因此，要想在事业上获得更大的发展，光把手头的工作做好，或者在一定范围内有知名度是不够的，我们要力争把自己做成品牌，形成一种个人影响力，这样才能在今后的发展中获得更多的机遇。

拿破仑·希尔曾经聘用了一位年轻的小姐当助手，替他拆阅、分类及回复他的大部分私人信件。当时她的工作是听拿破仑·希尔口述然后记录信的内容。她的薪水和其他从事相类似工作的人大约相同。有一天，拿破仑·希尔口述了下面这句格言，并要求她用打字机把它打下来：“记住：你唯一的限制就是你自己脑海中所设立的那个限制。”

当她把打好的纸张交还给拿破仑·希尔时，她说：“你的格言使我获得了一个想法，对你我都很有价值。”

这件事并未在拿破仑·希尔脑中留下特别深刻的印象，但从那天起，拿破仑·希尔可以看得出来，这件事在她脑中留下了极为深刻的印象。她开始在用完晚餐后回到办公室来，并且从事不是她分内而且也没有报酬的工作。她开始把写好的回信送到拿破仑·希尔的办公桌上。

她已经研究过拿破仑·希尔的风格，因此，这些信回复得跟拿破仑·希尔自己写的一样好，有时甚至更好。她一直保持着这个习惯直到拿破仑·希尔的私人秘书辞职为止。当拿破仑·希尔开始找人来替补这位男秘书的空缺时，他很自然地想到了这位小姐。在拿破仑·希尔还未正式给她这项职位之前，她已经主动地接收了这项任务。由于她在下班之后，以及在没有支领加班费的情况下，对自己加以训练，终于使自己有资格出任拿破仑·希尔属下人员中最好的一个职位。

但事情尚不仅如此。这位年轻小姐的办事效率太高了，因此引起其他人的注意，很多公司愿意高薪聘请她。拿破仑·希尔已经多次提高她的薪水，她的薪水现在已是她当初来拿破仑·希尔这儿当一名普通助手薪水的4倍。对这件事，拿破仑·希尔实在是束手无策，因为她使自己变得对拿破仑·希尔极有价值，因此，拿破仑·希尔不能失去她做自己的帮手。

工作中，一名员工要想获得大的发展，就得像这位年轻的小姐一样，在工作中做到最出色，努力让自己成长为不可替代的品牌人物。要知道，职场之中，最优秀的产品是自己。想将自己“卖个好价钱”，提高自己的身价，关键在于努力增强自己的实力，让自己成为一个权威，让自己成为一个出色的品牌。

在任务面前，我们要选择做品牌，因为只有将任务完成得出色，只有做到卓越，才能获得更多的成长机会，才会取得更大的成功。若不能以一颗追求卓越的心去面对任务，不只是错失机会，也许得到的将是被淘汰出局。

在职场上，想让自己有更好的发展，就要沉住气，在工作中不断磨炼自己，努力提升自己的业务水平和整体素质，使自己成为不可替代的品牌人物，这样才能确立自己在公司和行业中的地位，才能在成功的道路上越走越顺。